suncolor 三采文化

法蘭克・賽斯諾 Frank Sesno——著
林力敏——譯

精準提問的力量

經典暢銷版

成功的人，用「提問」解決問題！

Ask More

The Power of Questions to Open Doors, Uncover Solutions, and Spark Change

CONTENTS

目錄

各界推薦

「本書是一本必備指南，說明憑提問達成目標的竅門。書中有許多精采故事與非凡人物，發人深省，賽斯諾不只教你如何憑提問學到東西，還教你如何憑提問挑戰他人、啟發他人、創新發明、追求卓越。」

——CNN主播　安德森·庫柏（Anderson Cooper）

「法蘭克·賽斯諾總能問對問題，展現提問的威力。別不願提問，而是學會善加提問。我是把提問當作武器，但法蘭克更睿智，他是憑提問讓人生變得更好。」

——環球電視臺新聞主播　豪赫·拉莫斯（Jorge Ramos）

「法蘭克·賽斯諾是訪談高手，在這本書中他把畢生絕學傾囊相授。這本書絕對要讀：賽斯諾會教你如何跟人聊得熱絡，化解複雜難題，逼人直視問題，迅速建立友誼，規劃人生重大決定。這本書不只在講如何提出問題，更是在講如何過好人生。」

——《重新定義人生下半場》（*Life Reimagined*）作者
芭芭拉．哈格提（Barbara Hagerty）

「這本書闡述提問對我們的深切影響，日常小事如此，重大發現亦然。在這個日益複雜與兩極的世界裡，我們該為自己多加提問。法蘭克．賽斯諾精采道出，如果我們多做提問、少做斷言，大家能尋得共通之處，解決某些重大難題。這本書引人入勝，發人深省，所有關心未來的人都該一讀。書裡不只探討提問，還指出一種思維，有助我們的行事更具策略、同理與創意。」

——佛蒙特州前州長　詹姆斯．道格拉斯（James Douglas）

「『我們想當對的人？』『還是我們想了解事情？』那個比較重要？我得先破梗，後者能增加前者的機會。真希望我能先讀到這本書，再開始創業、投資、環遊世界與扶養孩子。世界日益複雜，我們喜歡簡便答案，但其實現今真正的重點反倒是要多花時間問對問題，而這本書是最佳指南。」

——創業投資人、《新創崛起》（*Startup Rising*）作者
克里斯多福．施羅德（Christopher Schroeder）

「這本書深具洞見，無比實用，出人意表，扣人心弦，而且輕鬆有趣。法蘭克．賽斯諾向我們展現問對問題的力量，例子包括前國務卿鮑爾和比爾．蓋茲等知名人物，也包括辛苦養家活口的單親媽媽。賽斯諾解釋說，提問是極為重要的技能，有助我們增進關係，在工作上更成功與滿足，而更重要的大概是活出更完滿與有趣的人生。」

——美國前眾議院議員　布萊恩．巴爾德（Brian Baird）

「這本書既是回憶錄，也是大師講座。法蘭克．賽斯諾回顧主播生涯的成就與失敗，回顧各種跟大人物的訪談，闡述十一種問題的最佳問法，例如衝突型提問和遺產型提問。無論你是工作上亟需找出重要問題的答案，還是想憑妥切提問跟家人和朋友深談，這本書都是必讀。」

——賓州大學安能堡公共政策中心主任　凱絲琳．賈米森（Kathleen Jamieson）

「這本書激發我們以更多樣的方式提出疑問與解決問題。法蘭克・賽斯諾教我們如何憑猛追到底的犀利提問，以診斷問題或發現機會。如果我們從各種角度提問，我們能想出更厲害與創新的解決之道。」

——高盛集團合夥人　蘇西・謝爾（Susie Scher）

「任何人只要想獲得重要問題的好答案，就該讀這本書，讓賽斯諾教你最上乘的提問藝術與科學。這本書寫得出色，架構井然，我絕對會列為學生的指定讀物。」

——南加大傳播暨新聞學院院長　厄尼斯特・威爾森（Ernest Wilson）

「我們身在一個驚嘆號的時代。公共領域通常不是一個詢問的空間，而是指控與爭辯的場域，但這本書教我們怎麼改變這局面。無論我們是老師、政治人物、企業高層、水管工、兒子、女兒、伴侶或友人，賽斯諾都提醒我——提問的藝術，正是我們生而為人的核心。」

——佛蒙特州明德大學校長　羅莉・帕頓（Laurie Patton）

—推薦序—

提問若精準，能達成各種目標

CNN主播 沃夫．布利茲（Wolf Blitzer）

如果你想獲得答案，就得問出問題。

這乍聽簡單，實則不然。**你得在正確的時間，向正確的對象，問出正確的問題，得到答案後還要正確的運用**，這些統統需要想法、技巧與練習，甚至有時需要運氣。如同我的朋友兼前同事法蘭克．賽斯諾在這本精采好書裡所說，提問能解決難題，改變人生。適時問出正確問題甚至能影響歷史。

那是一九七七年春季，一群記者擠進跟白宮隔著賓州大道的布萊爾賓館，位於一樓的一個小房間，埃及總統安瓦爾．沙達特（Anwar Sadat）在那裡接受媒體提問。中東情勢無比緊張，但博學練達的沙達特似乎一心想消弭紛爭。最後，一位坐在後頭的年輕記者舉手。

他說：「總統先生，你感覺很有心追求和平，但為什麼你不向以色列表現出這份決心？也許你可以跟以色列做非官方的交流？比如讓記者、運動員或學者進行交流怎麼樣？」

這問題看似簡單，卻沒人問過。如果你想要和平，難道不必先有面對面接觸？

沙達特思索一陣子，然後說：「以阿衝突有一部分源自心理因素。我個人毫不反對這樣做，但說真的，過去二十九年有種種仇恨、傷痛與四場戰爭，我們的人還沒準備好進行交流。過去發生那麼多事……我們必須慢慢接受。」

那位坐在後面的年輕記者就是我。後來沙達特說這個問題在他心裡「發酵」了好幾個月，最後他決定前往耶路撒冷，在以色列國會面前發表劃時代的演說，一九七九年更在白宮簽署和平協議。儘管中東仍紛紛擾擾，以色列與埃及的和平協議始終有效，為這多事之地增添一份穩定。

在記者圈，法蘭克．賽斯諾是最擅長提問的箇中高手。他是ＣＮＮ（美國有線電視新聞網）的白宮特派員，面對高官總不畏講真話，恭恭敬敬但不卑不亢，圓融客氣但不留情面，拋出許多一針見血的問題，不話中有話，不譁眾取寵，提問之後就認真聆聽對方的回答，如果對方試圖閃躲問題或轉移話題，他會緊咬不放。

後來法蘭克主持ＣＮＮ的週日脫口秀節目，訪問各行各業的人，包括政治人物、企業老闆、諾貝爾獎得主、名流顯要、社運人士和運動員，必要時提問一針見血，卻也能溫柔安撫那些經歷挫折傷痛的來賓。法蘭克樂於跟來賓互動與問答，反映他對別人的人生故事抱持濃厚興趣。這在本書散發耀眼光芒，你能看到有效提問是如何帶來成功。

一九九〇年，我進入CNN，先前只有平面記者的經驗，不習慣在螢幕上直接亮相受觀眾檢視。幸好法蘭克讓我在他工作時從旁觀摩。後來他成為CNN華府分社的負責人，給過許多建議，讓我獲益匪淺，我才更懂得怎麼向總統、國王與獨裁者準確提問。他是良師益友，非常擅長教人（現在他正在喬治華盛頓大學作育英才），懂得直探事情的核心，說清關鍵的概念，搭配精采的故事，佐以生動的例子，這本書因此相當引人入勝，所有人讀完都能大有收穫。

情境五花八門，問題各形各色。你發問有時是真的不知道答案，有時是希望有權者負起責任。在這本書裡，法蘭克區分各種類型的問題，闡述如何憑提問獲得資訊、教育觀眾、搭起橋梁、挖掘故事。他說明提問的類型，闡述構思的方法，講解傾聽的技巧，提供諸多實用的洞見與訣竅，這些適用於生活的各個層面，足以改變你對提問的思維。

在這本書裡，法蘭克以實際例子呈現提問高手如何找出答案，我們讀完能明白如何憑提問取得原本得不到的資訊，解決困難的問題，發揮創意，增廣見聞，與人建立更密切的情誼。這本書教你如何當一個更好的傾聽者、領導人物、創新高手，甚至良好公民。無論你是在董事會、自家客廳或白宮簡報室，只要想尋求答案或靈感，這本書都是獻給你的。閱畢本書，你會了解提問的箇中祕訣，懂得學習與成功的關鍵法門。

—前言—

提問能產生難以想像的威力

問題聰明，人就聰明。人們會透過提出問題來學習、交流、觀察、創造、消弭界線與發掘祕密。提問還能解決難題，激發新招，引發思考，增廣見聞，叫人負起責任。借用甘迺迪總統的說法，我們要活出慷慨豐足的人生，就別問別人能為我們做什麼，而是問我們能為別人做什麼。好奇心能打開內心，滿足想像。

不過事實上，我們大多並不真正明白提問的功用，即如何讓提問發揮功用。我們在學校學習數學與科學，探究文學與歷史；在職場學習實務與規則，了解獲利與虧損。然而我們從未學習如何有策略的提問，如何主動聆聽，讓提問化為達成目標的利器。

在正確時候問對問題，你會更能快速達成短期目標與長程夢想。問題帶來發現與成功，拉近你跟所愛對象的距離，甚至能解決宇宙最深的謎團。如果你問出好問題，就更容易跟陌生人建立關係，讓面試官印象深刻，在晚餐聚會上賓主盡歡，活出更快樂、更精采與更滿足的人生。

這本書讓你看到提問的收穫。在每一章裡，我會探討不同類型的問題，包含提問方法與傾聽技巧。等這本書讀完之後，你就知道該問什麼、該怎麼問、何時要問、如何傾聽，又能期待何種結果。每章都舉小故事為例，展現傑出人士如何靠提問大放異彩。

將近四十年來，我的工作就是問人問題。無論是在學校、在創新科技的發表會，在當年雷根總統高呼「戈巴契夫先生，推倒柏林圍牆吧」的布蘭登堡門、在美國首位非裔美國人總統的就職典禮，我都很榮幸到場觀察、聆聽與提問。在CNN、NPR（美國全國公共廣播電臺）、其他媒體及各種觀眾面前，我訪問改變歷史的國家元首、訪問救濟貧民的偉大英雄、訪問公然表態的種族主義者、訪問富可敵國的超級富豪，從這些經驗中獲益良多。如今我在大學教學生如何靠提問得到資訊，發掘事實，讓有權者負起責任，讓全世界看見真相。

我對提問日漸著迷，很留意我們在公開場合與日常生活所問（或所不問）的種種問題。科技日新月異，資訊多不勝數，在搜尋引擎輕鬆一按就能查到各類資料，卻導致我們容易流於簡便的答案，缺乏深入的探究。政治出現激化，社群媒體更起推波助瀾之效，大家各執一詞，互相指責謾罵，缺乏討論溝通。新聞媒體也參一腳火上加油，新聞報導日趨簡短，詞句日趨尖銳。跟我剛踏進媒體業時相比，現在的電視訪談時間比較短，更多是關注爭議話題與政治惡鬥，而非實事求是與客觀表述。誠懇的問答已不常見，武斷、侮辱與意識形態占據主流。不過如果我們能多提問、少斷言呢？我們能有何發現？我們能對周遭他人增加多少了解？我們是否能提出有創意的問題，尋求解決之道，進而改變世界？

有個學生讓我認為我該寫這本書。

在訪談藝術課上，我請學生進行訪談練習，席夢（我替她改的化名）選擇跟父親訪談（就稱他為莫里吧）。莫里相當顧家，有事情都藏在心裡，不會掛在嘴邊，起先拒絕訪談，他跟席夢說：「去找別人啦。」可是席夢很堅持，最終莫里同意在攝影鏡頭等的前面受訪。

席夢向來有些問題想問出口，莫里始終有些事情不想討論。父女倆面對面坐在他們都很熟悉的小角落，席夢遵循訪談的一般策略，先提出幾個無關緊要的開放式問題，比如大學時光或跟老婆（即席夢的母親）的相處經過。等莫里放鬆下來，席夢才問出一直掛念的問題。

她問：「在我之前，你們還有一個早夭的女兒。你可以告訴我當時的經過嗎？」

二十多年來，他們家都會紀念那個女兒的生日，卻從未真正談過事情經過。

莫里回答：「她是早產兒，只活一天半左右，因為肺部還沒發育完全，導致一連串問題。」他說到這裡，稍停片刻，接著講出從未跟任何人說過的祕密，連他自己的父母都毫不知情。

他說：「妳媽和我決定移除她的生命維持裝置。」他愈說愈小聲，一口氣哽著，努力保持鎮靜。

席夢繼續問：「這決定很難下吧？你跟媽是怎麼撐過的？」看見父親心如刀割，她也心痛不已。

莫里回答得很慢：「那時真的很難熬……當我們看到朋友帶著小孩，更是難受得不得了。」他停住片刻，才再說下去：「但我們才會有妳。」他看著女兒，一個才貌雙全的好女兒——他的孩子與摯愛。他仍情緒激動，跟她說若非那段不幸經歷，現在就不會有她了。

席夢感到天旋地轉。知道詳情已夠艱難，尤其父親平時意氣風發，現在卻脆弱不堪。她從沒看過這樣的他。

後來她跟我說：「現在我明白了，他經歷過那樣的事情，所以才這麼重視我。現在我明白為什麼他總盡量撥出時間陪我，參與我人生中的重要大事，常說他以我為榮。現在他抱我的時候，我不會急著想退開。如果我漏接他的電話，我一定會趕快回電。」

席夢發現一個深藏的祕密，發現父親心中不同的面貌，純粹因為那次提問而改變了對待父親的態度，遠非只是知道家中祕密而已。

那次之後，我開始探索不同類型問題的力量。

我跟許多提問高手討論，了解他們在職場與日常如何善加提問，從他們當中學得一招半式。本書所舉的提問高手包括不少我所遇見最精采的成功人士，有些大名鼎鼎，有些則名氣較小，但都擅長向他人與世界提問，從而把人生活得更亮麗。

本書始於一個問題。如果你曾遇到事情出了差錯，難關迫在眉睫，你會明白正確提問能帶你上天堂，錯誤提問則讓你下地獄。第一章舉出以診斷問題為生的高手：阿帕拉契山區的專科護理師、知名企業重整專家，以及我的屋頂工鄰居。他們都擅長靠提問找出問題，設法解決。你會學到如何縮小範圍，認真傾聽，憑經驗與直覺找出問題。

第二章是「策略型提問」，說明當風險甚高且後果不明的時候，你要如何後退一步，宏觀檢視。策略型提問是在問選擇、風險與後果，逼你反思一般定見與個人偏見，帶來更清楚周延的思考，有助審慎做出重大決定。如同前國務卿柯林．鮑爾（Colin Powell）告訴我的，策略型問題有助充分考量最艱難的決定，未妥善叩問則唯恐導致災難。

如果你想跟人拉近關係，第三章「同理型提問」列出專家的做法。同理型問題讓你跟熟識的人更親近，也跟初識的人更熱絡，成為更好的朋友、同事、伴侶或家人，深入了解他人，發掘他們的內心。本章所舉的例子包括家庭治療師、研究同理心的哈佛教授，以及美國首屆一指的訪談大師——費城國家公共廣播電臺節目主持人泰瑞．葛蘿絲（Terry Gross）。

你想打探祕密，甚至危險的機密？在第四章裡，你會學到如何靠謹慎與耐心的提問搭起橋梁，甚至打動原本不想跟你說話的對象。搭橋型提問是針對謹慎、多疑或懷抱敵意的對象。你會看到威脅評估專家是怎麼靠這一招解開人心，探入凶險的內心，例如：善用沒有問號的問句。你了解後也許不會拿來跟恐怖分子對談，至少能讓父母拿來跟難搞的青少年溝通。

如果無橋可搭呢？第五章說明憑衝突型問題要人為所作所為負起責任的方法。這類提問有時令人不愉快，像我就在一個古怪場合裡吃到苦頭，但起碼能留下紀錄。如同CNN主播安德森．庫柏（Anderson Cooper）所言，你得知道自己想問出什麼。亦如新聞主播豪赫．拉莫斯（Jorge Ramos）所言，你得對可能的後果做好心理準備。不過你會讀到，如果你對信念有勇氣，掌握事情的來龍去脈，問得精準確實，那麼你能讓對方備感棘手。

你多常聽到別人叫你要有突破窠臼的想法、要把握機會提出別開生面的點子？在第六章裡，你會明白要達到這樣是靠提問而非命令。如果你想真正激發創意，就得用提問讓人發揮想像，能從高處觀看，甚至得假裝地心引力並不存在。這一章會舉舊金山前市長與現任加州副州長蓋文．紐森（Gavin Newsom）的例子，講好萊塢電視影集製作人艾德．伯諾羅（Ed Bernero）的故事，而他們的共同點在於憑提問讓夥伴絕不會輸。

第七章是「任務型提問」，你會明白如何憑提問激起使命感，激勵別人努力投入，甚至簽下支票。你會看到凱倫．奧斯本（Karen Osborne）募了數百萬美元的善款，看到瑞克．利奇（Rick Leach）想解決糧食問題，從他們的例子得到啟發，自己成為一呼百諾的彩衣吹笛手，憑特殊方法提升傾聽能力、設定共同目標、採取具體行動。

第八章探討未知與費解，說明科學型提問如何解開世上的謎團。你會看到一心研究愛滋病與伊波拉病毒的學者，他在患者一一死去之際埋首探究，在大眾恐慌之際奮不顧身。你還會找到靈感與點子，可以應用於日常生活。

接著是讓你能賺錢的問題。你申請一份工作，很想成功被錄取，而你的提問會驗證你是否適合，甚至預先透露結果。第九章說明這些問題是怎麼問的——從雙方的角度。你會遇到一位執行長強調團隊合作，遇到科技老手問你最喜歡超市裡的哪一條貨架走道。

有趣型提問能讓無聊的晚餐搖身一變，充滿靈光與點子，對話高潮迭起，你變成了脫口秀主持人。在第十章裡，你會學到怎麼讓對話令人難忘，讓對話精采連連，跟上一位我所碰過極擅炒熱氣氛的高手，如果有膽的話甚至能邀蘇格拉底共進晚餐。下次吃飯時採用這些訣竅，大家會聊得眉飛色舞。

最後，這些到底有什麼意義？第十一章教你靠提問說出生命故事，道盡成就與感謝。這些問題讓你後退一步，回想所做的事，回顧所遇的人。你會讀到一位猶太拉比叩問上帝的意圖，讀到一個二十五歲女子毅然質問未來，那是我所見過最勇敢的一個人。

在本書的最後，我分門別類歸納出一套提問指南，分別說明要點，助你成為更有效的提問高手。

這本書無意叫你一步一步照著做，也並未告訴你所有情況下的提問方式，但確實提供各種例子，闡述提問的力量，展現傾聽的益處。這些提問包羅萬象，分別包含不同的提問技巧，尋求不同的結果。人生來有好奇心，寫在基因之中。這本書即呈現有些最頂尖的成功人士如何磨利好奇心，把提問與傾聽的本領發揮得淋漓盡致。

問題反映我們的身分、方向與人際，有助學習，有助領導，原因在於有效提問能喚起支持與召集幫手。叫人解決問題或想新點子畢竟是把責任交給他們，像是在說：「你很聰明，你很厲害，你知道自己在幹麼——知道你要怎麼處理這個問題？」

我寫這本書旨在展現精準提問的力量，闡述如何將之靈活有效運用的竅門。現在就好好見識書中出色的提問高手，從他們身上學得啟示。

然後，多開口提問吧。

第1章

診斷型提問
找出問題核心，做出判斷

ask more

有些時刻是記者相當害怕，卻避無可避。也許是一則傳言，也許是一通電話，接著你胃部一緊，無論再資深都一樣。如果接到一則消息，某架客機消失無蹤，跟塔臺斷掉通訊，航空公司與航管單位忙著搞懂到底是怎麼一回事，而我們也是。

在新聞室裡，我們手忙腳亂地整理播報內容。我們到底要講什麼？我們到底知道什麼？明確消息會來自何處？何時會來？記者派到各處，有的在美國航空管理局，有的在聯邦調查局，有的在航空公司，動用最新的航班追蹤應用程式，想方設法打聽消息。我們打起精神面對新聞直播的最棘手狀況——事發過後尚無官方明確消息的那段時間。如果我們弄錯了，等於散布錯誤消息，嚇壞無辜民眾，甚至可能影響初期應變人員的行動，不僅有損自家媒體的信譽，還會引起觀眾的不滿。

我們也得當著觀眾的面前，即時問著各種問題，想了解事情的來龍去脈。

是哪家航空公司的哪個航班？

飛機上有多少人？

消失的時間與地點是？

在什麼都還搞不清楚的最初時刻，我們必須快速問出**何人**、**何時**、**何地**與**何故**等。

是機械故障嗎？

確認出那位人員的身分了嗎？

目擊者看到了什麼？

我們必須知道事情的來龍去脈，拋出待答的疑問，否則彷彿置身五里霧中。

如醫生診斷，迅速對症下藥

幸好多數班機都會安全降落，不會出現在即時新聞。然而我們確實天天需要看見問題，設法回答。就如醫生有根據症狀判斷疾病的本事，記者有迅速找出問題的直覺，你也可以學習記者的技巧，融入提問之中，在需要診斷問題之際，迅速對症下藥。你也許碰到攸關生死的難關，也許地下室漏水，也許肩膀發疼，也許工作上出現疑難雜症，這時你得接受出乎意料的處境，問對問題，盡快釐清，才能設法處理。

當年原始人走出洞穴，明白求生之道是懂得發覺危險，要不設法避免，要不加以克服。這至今依然適用，雖然是現在的洞穴裡有無線上網，我們往往會向專家求助，但提升診斷型提問的技巧仍有助益。當醫生、技工或主管自認知道我們問題的答案，我們能更進一步提出更好的問題；當政治人物對問題侃侃而談並自認明白解方，我們得懂得提出質疑。

診斷型提問是探究問題的基礎，也是其他提問的基礎，替問題定錨，為解法指路。

出了什麼事？

我們怎麼知道？

我們忽略了什麼？

我們該怎麼做？

診斷型提問找出問題，抽絲剝繭，看見一時難以看清的問題根源，最典型的就是醫師要能為病人找到正確的病因。以下的對話，就是最常見的例子。

你牙痛得不得了，去看牙醫時，她問起牙痛的位置與時間：「咀嚼時會痛嗎？喝東西時會痛嗎？」

「不好意思，這樣會痛嗎？」她對牙齒輕敲輕戳，噴入冰水測試反應。

「會痛。」你張著滿是水的嘴回答。

「問題出在另一顆牙齒，只是痛覺擴散到附近的位置。」X光檢查應證她的判斷，補牙解決你的問題。

再舉個例子，你的公司最近推出新產品，銷量不佳，人人認為失敗了。你沒那麼確定，所以聘請顧問人員找出問題。他們採取焦點團體調查的方式，向受試者提出有關這項產品與相關產品的許多問題，結果許多受試者其實很喜歡這項產品，也願意購買，但前提是要知道有這產品。原來問題出在行銷。

無論是公事或蛀牙，診斷型問題旨在有系統地描述問題，進而找出問題。

診斷型問題進行方式：

- **抽絲剝繭**。先從大處切入，再往小處著眼，把範圍逐步縮小。別只是泛泛而論，要細究各個環節，留意所有跡象。
- **直視問題**。別東躲西閃，別避重就輕，而是單刀直入，直接面對問題，方能直接獲得答案。答案也許難堪，但承認問題方能處理問題。
- **研究過往**。試著往回看，從過去的經驗、事件與模式裡找答案，尋找相似之處。
- **再次提問**。既然問題存在，代表有未知或意外之處。你得多次提問，多方提問，反覆確認自己的認知是否有誤。
- **質疑專家**。我們仰賴專家診斷問題，但這不代表他們永遠不會錯，永遠解釋得出問題所在。你在接受專家見解之前得先了解箇中意涵與推論來由，適時請益其他專家。

提問是手術刀，先剖開再醫治

診斷型提問的第一步是了解問題。泰瑞莎．加德納（Teresa Gardner）是箇中高手。同行對她讚譽有加，所以我才知道她的大名，找她做電視訪談。她大膽無畏，精力充沛，擅長解決問題，在美國極為困苦的窮鄉僻壤工作。

泰瑞莎是一名專科護理師，奔波於西維吉尼亞州的阿帕拉契山區各處，醫治她口中的「連環接力病人」。在那許多區域的失業率是全國平均的二倍以上。許多當地人幾乎身無分文，長期貧病纏身，很少工作機會，缺乏醫療照護，飲食不良，運動不足，往往入不敷出，無暇顧及身體健康。

泰瑞莎告訴我：「那地方非常窮困，可是人都很好，大多人辛勤工作，抱持自尊，只是運氣不好。」不過她也透露：「有時候很難讓他們肯接受幫助。」

他們確實需要幫助，心臟病、糖尿病與肺病在當地的盛行率高得出奇，有些郡的提早死亡率比全國平均高出一倍。泰瑞莎面對無數醫療需求，整天四處奔波，早年是開一輛名為「健康號」的老露營車到處看病。許多病人多年沒看醫生，但泰瑞莎張開雙臂溫暖擁抱他們，替他們看診，聽他們訴苦，替他們開藥。

泰瑞莎把提問當成手術刀，短而鋒利，把問題剖開，設法加以解決。她會先問開放式問題，讓病患可以多聊一聊，把問題講一講。

你現在覺得怎麼樣？

你有什麼症狀？

這種症狀持續多久了？

泰瑞莎會問很多其他問題：他們的工作、家庭、家人、生活跟飲食。她設法聽出蛛絲馬跡，拼湊出問題根源，邊聽邊運用從小培養的直覺、經驗與技巧。

泰瑞莎在這地區的科本鎮長大，跟家人住在露營車裡，和姊姊共用一個小房間，父親是礦工，母親是織工。父親背不好，有時劇痛難當，下工回來時直接從卡車滾下來，辛苦爬進前門。

他們家有的不多，卻也擁有很多，還樂於助人。奶奶長得福福泰泰，住在附近，會邀窮苦的鄰居來家中吃飯，偶爾甚至讓生病的鄰居來家中借住，其中有些是受結核病所苦。泰瑞莎的母親會帶食物到地方醫院發送，泰瑞莎也在醫院當義工。

泰瑞莎從小是個好奇寶寶，問母親一籮筐的問題，東也問、西也問，這個也問、那個也問，惹得母親替她取了一個綽號叫「愛問妹」。泰瑞莎上學後依然滿懷好奇心，六年級的老師貝茲有一次在黑板畫了一顆心臟，說明心室與心瓣如何把血液送到全身，泰瑞莎聽得非常入迷，想深入了解：心臟怎麼知道要把多少血液送出去？要送得多快？她對科學起了興趣，開始讀雜誌、書籍與文章，盡量吸收醫藥與生物的新知。

因此她成為家中第一個上大學的人，最終取得護理博士學位，學成返家，想在這個出生長大的地方奉獻己力，在這個亟需醫療照護的地方發揮所長。

泰瑞莎在這亟需醫療的窮鄉僻壤四處看診，設法讓許多通常把話往肚子裡吞的病人對她說出關鍵重點。她有溫暖的維吉尼亞腔，提問時不會顯得咄咄逼人，但每個問題都直指重點，單刀直入，不浪費時間或字句，想詳細知道患者疼痛的部位與痛法，發掘埋在深處的問題。

某天午餐時間之前，泰瑞莎把「健康號」開到懷斯郡，一位二十歲出頭的矮胖小姐爬進車裡。一如往常，泰瑞莎露出笑容，通常都以一個溫暖的開放式問題開場。

今天過得怎麼樣？

不太好，那小姐說。她頭發痛，疲倦虛弱，有點不知所措。泰瑞莎問她過去的健康狀況，她自稱長年體重過重，而且有高血壓與糖尿病。

泰瑞莎認為她可能是糖尿病發作，於是提出一個個更具體的提問，朝問題切入。

妳在吃哪些藥？藥量是多少？

妳上次注射胰島素跟吃飯是什麼時候？

妳還有哪些症狀？

妳罹患糖尿病多久了？是第一型還是第二型？

妳上次到醫院檢查是什麼時候？

妳這幾天的飲食控制做得怎麼樣？

那患者回答得很簡短，語帶遲疑，但泰瑞莎仍逐漸明白狀況，再由血液檢測確認：她現在血糖過高。糖尿病與高血糖的治療非常清楚明白，那就是嚴格的飲食控制與醣類計量，搭配對胰島素的密切監控，並定期回診。可是那位患者統統沒做到，有注射胰島素卻不清楚劑量，長達兩年未回診。泰瑞莎得知後，很想了解原由。

泰瑞莎說：「我們剛開始跟她聊時還沒辦法弄清楚，但她的有些故事令人很熟悉。她兼兩份工作，一週大概工作六十個小時，但兩份工作都沒有提供醫療保險。」

泰瑞莎問她從哪裡取得胰島素，她支支吾吾地承認她父親是退伍軍人，也有糖尿病，胰島素是向美國退伍軍人事務部領的。接著她再次支吾，低下頭，吞吞吐吐地說他們父女倆把這些胰島素對分，一人吃一半。

這很令人驚訝，但泰瑞莎還聽過更糟的做法。當她說完，泰瑞莎語氣和緩但直截了當地跟她說，注意自己的身體與飲食狀況相當重要，用父親的藥最糟可能致死。隨後泰瑞莎寫下診斷單，建議她該如何投保才能支應藥費。

泰瑞莎利用診斷型的提問有效找出症狀與原因，才能做出最佳診斷，對症下藥。至少現在這個年輕小姐跟父親都能領到自己所需的藥。

善用壞消息作為解決方式

如果你想有效善用診斷型提問，就得樂於面對許多人試圖避免的一件事：壞消息。泰瑞莎那樣的專科護理師就是在找壞消息，蒐集資訊只為一個目的：看見問題，設法治療。他們得知道是哪裡出了錯。同理，記者也專看壞消息，此乃職責所在。如果飛機為安全檢查疏失或液壓系統故障而失蹤，記者得揭露問題，大加報導。此外，記者要找出濫用的權力，挖出虛耗的經費，拆穿糟糕的龐氏騙局。

如果你問：「出了什麼事？」就得樂於接受壞消息。過去三十年間，知名投資人暨企業改造家史帝夫・米勒（Steve Miller）正是為此炙手可熱，許多企業捧著白花花的鈔票找他。在著作《扭轉乾坤：我如何拯救美國深陷危機的企業》（*The Turnaround Kid: What I Learned Rescuing America's Most Troubled Companies*），他說明先前找壞消息的經歷。由於他長年待在汽車產業，大老遠就能看見問題所在。

> 為什麼這家企業深陷泥淖？
> 問題的根源是什麼？
> 哪裡並不對勁？

米勒以提問找出壞消息，設法扭轉乾坤，只聽解釋，不聽藉口。當我們的一位共同朋友提議介紹我們認識，我一聽立刻贊同，安排到紐約拜訪他的計畫。

米勒是跟克萊斯勒的傳奇執行長李・艾科卡（Lee Iacocca）一起扭轉乾坤。當優越的日本車大肆進軍美國之際，克萊斯勒苦於員工薪資高昂，產品品質不佳，車身設計乏味，因而面臨危急存亡之秋。不過米勒讓克萊斯勒獲得史上留名的聯邦紓困金，解決財務困境。後來米勒跟別具領袖魅力的艾科卡鬧翻，離開克萊斯勒，尋找其他面臨困境的企業，才在之後協助美國廢棄物管理公司浴火重生，帶領伯利恆鋼鐵公司熬過破產危機，幫忙德爾福汽車零件公司東山再起。

米勒的做法大多圍靠著迅速提問，迅速回答，然後當機立斷，甚至得採取痛苦的因應措施，因為時間不會站在他這邊。那天米勒坐在曼哈頓中城公園大道的個人辦公室裡跟我說，如果企業致電給他，狀況通常已經「從糟糕轉為絕望」。

他接下挑戰時會展現頑強的求生鬥志，善用局外人的特殊視角：「我愛說我一無所知，也一無所懼。」他首先尋找企業所面臨的核心問題：「我不認為我是給出解答的人，而是提出問題的人。」

米勒通常前幾週會跟人員會面，鼓勵他們說出公司的缺失、困難與障礙，但他在問完過去的事情之後，還想知道大家是怎麼看待未來。

事情是從什麼時候開始陷入困境？

你學到了什麼教訓？

你認為我們能怎樣解決問題？

米勒說最大的挑戰是擔任德爾福汽車零件公司執行長。德爾福汽車零件公司是汽車零件巨擘，先前曾在通用汽車旗下，二〇〇五年米勒接掌執行長時的市值為二百八十億美元，卻持續虧損，最終面臨破產，而且是美國汽車產業史上最大規模的破產案，過程相當難堪，讓米勒格外痛苦，壞消息接踵而至。

在米勒就任之際，德爾福是美國最大的汽車零件生產商，但產品線太多，並未專注於核心產品，又面臨日趨嚴峻的全球競爭，而且屋漏偏逢連夜雨，六年前脫離通用汽車之後，背負龐大的醫療保險開支與工會退休金，當時工會人員最高可領每小時七十五美元的工資加津貼，四十八歲即可退休，終身享有醫療保險，而每當有工廠關閉，廠內員工能持續領取資遣費直到覓得另一個職位為止，這項政策每年要花四億美元，可謂內外交逼。

米勒向《華爾街日報》（*Wall Street Journal*）表示，德爾福的人員開支是業內平均的「將近三倍」。他不禁想問：

我們怎麼落到這步田地？
我們的經營方針是怎麼了？

在法蘭克福國際車展的晚宴上，米勒請各國廠商說出跟德爾福的合作經驗。幾杯黃湯下肚，大家侃侃而談，抱怨德爾福變得非常官僚，冷淡而蹣跚，合作起來簡直是惡夢一場。比方說，賓士如果要一套新煞車系統，得先經過不同國家許多部門的簽名同意。決策繁冗費時，供應鏈東缺西漏，企業競爭力只是奢談。米勒對我說：「這代表我們簡直癱瘓了。」

米勒在書中把自己比喻為外科醫師，德爾福則是「延誤治療以致病入膏肓的重症患者」，亟需動大手術。在米勒就職五個月之後，德爾福汽車零件公司提出破產申請，展開痛苦的重組過程，原本有二十九間工廠，關了二十一間，四成員工丟掉飯碗。他逼使美國汽車工人工會對工資大幅讓步，砍掉多數醫療保險與退休金。在他的帶領下，德爾福減少底盤、煞車與配管等低獲利傳統零件的生產，轉為投入高科技電子零件、導航系統與燃料系統的開發。

不過米勒搞砸幾份公開聲明，使處境雪上加霜。他怨道德爾福心有餘而力不足，無法負擔一般員工的六十五美元時薪、醫療保險與其他高額花費，但他沒說的是高階主管仍坐享巨額分紅。一般員工為此氣急敗壞，出面抗議與提告。某一天，米勒從辦公室窗戶往外望，看見抗議員工舉的牌子寫道：「米勒連半毛薪水都不配」，他為了彌補失言與公關效果，把自己的薪水從一百五十萬美元降至一百萬美元。

米勒會問「壞消息」，所以知道情況很糟，而且不僅德爾福面臨危機而已。由於通用汽車等車廠都仰賴他們所生產的零件，如果德爾福毀於一旦，許多車廠也會跟著陪葬。

米勒說：「我的目標是盡量減少對全球汽車產業的衝擊。沒錯，我們原本是在通用汽車旗下，但我們的零件是賣給全球各大車廠，對他們來說簡直不可或缺。」

米勒讓員工與自身名譽大為受害，但最終拯救了這家企業。他迫使工會讓步，影響遍及汽車產業，商業評論家艾倫．斯隆（Allan Sloane）稱讚他拯救了「在風雨飄搖中的底特律三大車廠」。

如果問題消除了，我們能絕處逢生嗎？

米勒抱持「一無所知也一無所懼」的態度，勇於提問，再依壞消息設法因應，雖然沒有因此受到歡迎，卻如同外科醫師治好重症患者。在他看來，如果你想解決嚴重難題就得勇於找出問題，切莫逃避。在米勒接掌德爾福汽車零件公司的許多年後，他寫信給那些因公司改組而人生毀掉的員工，向他們解釋並道歉。

處理壞消息得付代價，但無論是面對巨額開支的破產企業，還是否認自身病情的糖尿病患者，找出壞消息都是診斷問題並採取行動的第一步。

詢問前例才能看清全貌

消息有好有壞，前例則總是情報，屬於診斷型提問的一環，提供大小線索，透露各種模式。

你最早注意到是什麼時候？

這種情況持續多久了？

先前是什麼樣子？

有些診斷型提問高手擅長從前例找出端倪。我的鄰居艾爾就是一例，他是個屋頂工，擅長修繕石板屋頂、銅溝排水與煙囪防水，防止雨天漏水。每當住戶發現臥房或走廊漏水，從牆面滲下來，地板積成水灘，他們大概就會致電請他到府處理，而他會先問之前房子、屋頂與漏水的狀況。

每次下雨都會漏水嗎？

每次都是外頭一下雨，裡頭就漏水嗎？

每次一開始是怎麼漏，從以前到現在有什麼變化嗎？

艾爾深諳水的動向，水能在水管或木梁滲流三到四公尺才積成水灘，所以水灘位置不見得等於漏水位置。他探究前例的模式，知道得愈多，提問愈具體，像偵探抽絲剝繭。

你整修過屋頂嗎？

做了哪些整修？

水是從天花板滴下來，還是從牆壁滲下來？

只有颱風時會漏水嗎？

如果只有颱風時才漏水，屋外可能有東西鬆掉或裂開，跟屋頂毫不相干。如果屋主整修過屋頂，艾爾想知道整修的具體時間與所用建材，了解鄰居是否是類似屋頂且同樣有漏水問題。唯有當艾爾全盤了解，才會拿水管上屋頂，模擬大雨的天候，勘查問題的所在。

艾爾的診斷時常令屋主訝異。窗戶常是罪魁禍首，要不就是忘了關，要不就是有隙縫。阻塞的屋頂排水溝也常是元凶，未妥善排掉的雨水會從屋瓦或牆板滲進屋內。屋頂低凹處的木頭容易腐蝕，艾爾多次把手指伸進腐蝕的木頭裡，確認這才是漏水的原因。

艾爾詢問漏水狀況，如同圖書管理員探查褪色的手稿，明白手稿的脆弱，了解時光的無情，設法弄清前因後果，找出過往的線索。

艾爾對自己的詢問本領相當自豪，他告訴我說：「我很愛問，因為我喜歡幫他們解決問題。就這麼簡單。」

為了掌握狀況，挑戰專家

泰瑞莎、米勒與艾爾都是專家，善用好奇心跟專業知識，準確提問，找出問題，設法解決。

你面對的專家可能是醫生、屋頂工、高價顧問或鄰近友人，但即使他們遠比你經驗老到，你仍能對他們的判斷提出問題：他們是怎麼得到某個結論的？依據是什麼，解法是什麼？你要向他們問推斷過程、類似經驗、所涉風險與下一步驟，並提出你的想法。向專家提問可能很困難與嚇人，卻往往實屬必要。我經歷過，所以知道這很不容易。

你在跟我說什麼？

你的意思是？

你還有什麼沒說？

我母親有一陣子不舒服，她對醫生不太滿意。醫生似乎不太聽她描述，只說問題出在消化不良或身體退化，但沒有問她吃飯時的感覺、胃口好壞，及跟過去的不同之處。母親一肚子火，換了另一個醫生，那醫生則詳盡提問，仔細聆聽，替她安排檢查。

幾週後，我在度假期間跟母親通電話。她起先毫無異狀，跟平時堅強的她並無二致，但幾分鐘後，她深呼吸一口氣，對我說：「我有壞消息要告訴你，但你不要擔心。檢查結果出來了，我得了卵巢癌。」

我還來不及反應，她接著說醫生很好，手術已經安排好了，時間訂在幾週後，就在我回來的不久後，手術完還要化療，但她對醫生很有信心，不會有問題。

母親的人生向來如同雲霄飛車。她聰明慧黠，充滿自信，壓根不相信上帝的存在（各種髒話掛在嘴邊），堪稱我所遇過最固執的人。無論她是碰到老師或水管工，始終一視同仁，自有評斷，還得意的自稱是「街坊鄰居裡最嗆的老媽」，開口閉口都流露對自己這種頂天立地的自豪。

手術相當順利，但當護士過來扶她起床練習走路，她總把他們罵出去，直呼她準備好就會起床，只是現在還不行。這條路可不好走。醫生說對手術很滿意，盡量清除了癌細胞。他不是多溫暖和善的醫生，有時講話很直，看診極快，但倒是享有盛名，而且重點是母親很喜歡他，稱他為「藍眼睛名醫」。

不過我們還是向他提出很多問題。

接下來呢？

哪種化療藥物的效果最好？

老媽的身體會出現什麼感覺？

會有什麼副作用？

化療期間的生活會是怎麼樣？

她痊癒的機率有多高？

向藍眼睛名醫提問很累人，他向來時間有限，又不太多話，即使開口也是著重醫療部分，讓我們很沮喪。手術剛過的某個下午，我在走廊攔下藍眼睛名醫，在離母親病房幾步遠的地方低聲交談。問題簡短，答案也短。那時我身心俱疲，備感焦慮，對話大致如下：

「你覺得接下來狀況會怎麼樣？」

一如先前，他說手術很成功，再來會做化療，由他密切留意。

「可是……我們會碰到什麼狀況？」

「每個病人狀況不同。」

「我知道。」我說：「可是你一定有點想法。」

「無從預測。」

我沒有叫他預測，只是希望他說明母親可能碰到的狀況，並根據行醫經驗與母親病況對治療進展提出看法。於是，我換個問法。

「如果生病的是令堂，你不會想知道嗎？難道你不會問這些問題嗎？」

藍眼睛名醫深吸一口氣，思索片刻，最後慢慢鄭重的說：「通常要做幾個療程。手術跟第一次化療之間得讓她喘口氣。」

「要多久？」我問。

「通常要十八個月左右，但之後癌症還可能復發。」

「復發的話怎麼辦？」

「再做一次化療，看效果如何。這通常會把癌細胞壓下來六個月左右。」

「然後呢？」

「繼續試，設法找出最適合的化療藥物。最好是讓這個病像其他慢性病那樣。」他說化療對身體的影響通常會逐漸減少。

「這些要多久？」我問。

他猶豫片刻才說：「多半要四年左右，但有例外。有些病人效果很好，可以活非常久。」但願母親也是這樣。

現在我仍會回想當初跟藍眼睛名醫的這段問答。我做過研究，大致知道療程，卻明白這會比預期的更艱難，需要聽醫生的看法，希望他據實秉告，而且他得知道我們相當認真要把病治好，期望得到完善的說明。這是一段夥伴關係，我們有權提問。

現在是什麼情況？

你知道些什麼？

你遇過這狀況嗎？

你還有什麼沒跟我們說？

你會把這跟令堂說明嗎？

向專家提問可能顯得冒犯，但**正是經過認真提問才能有效遵從專家所說的做**。無論是涉及你的母親、工作、身體或屋頂，不妨列出問題，務求全部得到答案。如果你選的專家不能回答或不肯回答，則是一個警訊，你該尋求第二人（或第三人）的意見，打破砂鍋問到底，務求了解問題，掌握各種解決方案的優缺得失。

先診斷出問題再找出策略

艾爾、米勒跟泰瑞莎的職業截然不同，做法卻大同小異，懂得靠診斷型提問找出問題並加以解決。他們詢問問題的前因後果，仔細聆聽，尋求壞消息，既問先前例子也問當下狀況，在壓力下抽絲剝繭，設法找出解決之道。

泰瑞莎因此成名，上了美國最長青的新聞節目《60分鐘》（*60 Minutes*），收視群包括一千萬名電視觀眾與數百萬名線上訂戶。在節目中，她開著飽經風霜的老露營車，在阿帕拉契山區翻山越嶺，向她口中的「連環接力病人」提出各種問題，展現她懸壺濟世的堅定決心。這節目的迴響超過預期，她獲邀演講，收到捐款，最終買了新的「健康號」露營車。

診斷型提問有助找出問題、原因與解法，指出下一步。

現在要怎麼做？
這療程有什麼風險？
我們該留意什麼？

米勒認為企業執行長晚上睡覺該提出「哪裡出錯了」的問題，進而問出更大的問題。

我們是在投入對的生意嗎？
我們有往前看嗎？
我們是否充分看見前方的問題與機會？

我們是否持守著對的價值？

我們是否有永續的商業模式？

無論你是華爾街大亨、專科護理師或身處各行各業，你都得先診斷出問題，再踏出下一步，設定遠大目標，提出各種難題與機會。

第2章

策略型提問

看見大局，評估目標、利益、風險和後果

ask more

比爾・蓋茲跟他太太梅琳達可不是某天早上醒來，吃著有機麥片，忽然決定把大筆資金投入瘧疾的防治工作。他們知道瘧疾的可怕，症狀通常在被蚊子叮咬的兩週內出現：發燒、發冷、頭痛與嘔吐。如果二十四小時內不治療，病情唯恐加重，甚至可能小命不保。蓋茲夫婦看過數據得知，每年有三億人罹患瘧疾，大多為非洲的孕婦與小孩。

蓋茲夫婦富可敵國，成立大型基金會，正積極尋找慈善事業的目標，改善廣大民眾的處境。二〇〇七年，在一場三百餘位衛生專家與政界領袖出席的論壇上，梅琳達・蓋茲展現力抗瘧疾的決心：「如今科學與醫學提升，前瞻研究持續進行，各界對全球民眾日益關切，我們可謂面對千載難逢的機會，不只要治療瘧疾，控制疫情，還要擬定長程計畫，最終把瘧疾消滅。」

這個呼籲在全球激起廣泛迴響，規模之大堪稱空前，許多學者與醫生取得長足進展，瘧疾死亡人數短短幾年內驟降五〇％——如果瘧疾確實消滅，更多民眾能脫離水深火熱。許多家庭、村莊，甚至國家，原本為瘧疾所苦，今後可以發揮無窮潛能。消滅瘧疾會是人類成就的一曲凱歌。這計畫如同其他遠大目標，需要大量的金錢、心力、時間與策略聯盟，但到底比爾與梅琳達蓋茲基金會（Bill and Melinda Gates Foundation）和其他人員如何認定計畫可行，得以成功？他們如何評估目標、資源、難題與障礙，決心為消滅瘧疾放手一搏？方法正是提出策略型問題。

問題的規模有多大？

成功的代價是什麼？

我們準備好面對挑戰了嗎？

在第一章我說明如何靠診斷型問題釐清各種症狀或情況，找出問題的所在。至於策略型問題則著重困難挑戰與設立長程目標。你要放大視角，衡量風險、機會、代價、後果與替代選項，進而設定目標，妥善釐清，在考量成果與益處之餘，也評估可能的障礙。

質疑原有假設

也許有人邀你加入一家新創公司。你喜歡他們。他們籌得數年的資金，創業計畫令人眼睛一亮，公司有可能一飛沖天，只是他們的點子尚未經過驗證，競爭環境又瞬息萬變。如果要加入的話，你必須辭掉目前在大企業的穩定工作，而創業可不是什麼有保障的鐵飯碗。

也許你的另一半希望你們搬到這國家的另一頭，遠離目前的爭權奪利，讓人生重新開始。這點子很讚，但你不確定搬家後能做什麼，甚至不確定人生能否因此改頭換面。沒錯，你不怎麼喜歡現在的生活，但驟然放手又令人不知所措：這種改變值得嗎？你放得下現在這份薪水嗎？

也許你公司正考慮大舉投資一項產品，自認能增加市占率。對此你得衡量一番。目前市場競爭激烈，競爭對手剛靠出色的廣告引起大幅關注，你們公司節節敗退，需要謀求改變，也許新產品能讓你們脫胎換骨，但另一方面，公司得投入大筆資金，你得花許多心力，之後的產品行銷還得大費功夫。新產品很酷，但能否一炮而紅實屬未定之數。

這些都是孤注一擲，涉及許多優缺與風險，需要澈底的改變，需要全新的思維，需要宏觀的提問。

倫敦商學院副教授法利克．凡穆倫（Freek Vermeulen）專精商業策略與企業家精神研究，在二〇一五年九月號的《哈佛商業評論》（*Harvard Business Review*）寫道：「根據定義，策略是指在長程成果無從確知下做出複雜的決定。」策略二字廣受濫用與誤解，凡穆倫的這個定義可謂精準簡明。

不過反過來說，**你也可以靠策略型問題界定長程目標，方法是質疑原有的假設，衡量所涉的投資與風險**。這類問題很難答，涉及數個不同原則，像是影像衛星原本先綜覽全局，再拉近鏡頭細觀地景。

策略型問題的功能和定義應具備這五項功能。

- **綜覽全局**。界定困難與機會，反問為何這目標很重要。念出目標，思考這是否反映你的價值觀？還有誰會在乎？別人會怎麼做？從一萬八千公里以外觀看是什麼樣子？
- **明瞭難關**。體認到你有個難纏的對手，也許是某人、某地或（就蓋茲而言）某種疾病。承認這是你最大的難關，問你將碰到何種困境，又願意付出何種代價。
- **界定計畫**。決定追尋目標的策略。下一步是什麼？再下一步是什麼？誰要怎麼做？你一路上要如何衡量成功與否？即使你的策略目標始終相同，所用策略仍可能改變。

- **質疑自己**。仔細檢視計畫，設法找出漏洞，模擬不同狀況。哪裡尚未考量到？哪裡可能出錯？你是否能具體解釋策略，還是僅為一頭熱？你要強迫自己停下腳步，思索替代方案。
- **定義成功**。你能解釋何謂成功嗎？你如何知道自己成功了？要為此付出什麼代價？

比爾．蓋茲也用策略型提問檢視

比爾與梅琳達蓋茲基金會在全球投入時間與資源對抗瘧疾之前，用一組策略型提問以評估障礙的範疇，並做成「策略週期手冊」（Strategy Lifecycle），任何大型決議或倡議皆可參考。「策略週期手冊」區分三個階段的各種提問：「檢視回顧」、「策略選擇」與「計畫執行」。

「檢視回顧」旨在探究前例與經驗，界定問題的原由與範圍。

我們能從過往策略與經驗中得到什麼有關未來計畫的啟示？

問題的本質是什麼？

解決問題的最佳辦法是什麼？

「策略選擇」的提問比較具體，直接關乎阻礙與任務。

怎樣能促成改變？

我們要做什麼與不做什麼？原因為何？代價為何？

夥伴的角色為何？

資金需求為何？

成果如何衡量？

風險為何？

這些問題的答案有助設定具體任務，反映箇中風險。團隊接著問如何達成目標。

各項倡議的時間與順序為何？

所需的資源為何？

這套策略週期手冊有助釐清決策，統合目標，讓對抗瘧疾的戰役改頭換面，投入數十億美元到各種新合作案，推動大型公衛計畫，分送抗蟲床單，補助室內滅蚊、快速篩檢、瘧疾救治與相關醫藥研究，目前已經成功扭轉瘧疾疫情，尤其是撒哈拉以南非洲地區的狀況。根據世界衛生組織的《二〇一四年世界瘧疾報告書》（*World Malaria Report* 2014），全球的瘧疾致死率比二〇〇〇年減少四十七%，非洲的瘧疾致死率則減少五十四%。研究人員在單劑療法等許多其他方面有長足進展，甚至連一勞永逸解決問題的疫苗研發都出現曙光，樂觀人士認為二〇三〇年即可實現消滅瘧疾的大計。

柯林．鮑爾如何以對的問題做國家決策？

策略型提問能增進理解，釐清目標。藉由多加提問，你可以設定基準，評估風險，檢視機會，衡量難處，妥善思考，避免短程分心，聚焦長程目標，甚至幫助你成為聰明的領導人物。先前我想深入探討策略型提問，向一個以此為生的高手討教，於是來到維吉尼亞州，拜訪前國務卿柯林．鮑爾將軍。

我來到喬治華盛頓路旁一棟平凡無奇的辦公大樓。鮑爾如今仍很有軍人架式，身體結實，儀表堂堂，完全不像已有七十來歲，他以溫暖的燦笑相迎，伸長手臂要與我握手。這一趟，我想知道他對策略型提問的個人見解，他是如何在萬般凶險的戰時結合軍事觀點與非凡智性以釐清任務。我想知道這個退役四星上將如何憑提問界定任務並妥善執行，還想請他解釋成功，以及失敗。

我跟鮑爾初次見面時，兩人都還很年輕。那時他是明日之星，擔任雷根總統的國安顧問，在伊朗門（Irongate）事件之後受命，正值雷根總統面臨下臺危機之際。國安委員會政治軍事處副處長奧利佛．諾斯（Oliver North）等官員暗中出售武器給伊朗，換取伊朗釋放美國人質，軍售獲利拿來資助尼加拉瓜的反共游擊隊，但此舉違反美國法律，也違背雷根總統原先不跟恐怖分子妥協的嚴正承諾，釀成極大風波。

那時我是跑白宮新聞的年輕記者，任職於尚未經過考驗的新媒體ＣＮＮ，追蹤這則愈演愈烈的醜聞，一直留意承辦檢察官的一舉一動，一連數月參加國會公聽會，眼看許多想影響輿論與調查本身的消息出現。許多高官中箭落馬，許多高官被迫辭職，雷根總統的聲望大受打擊。

雷根總統最後不情不願地承認：「我們做錯了。」

鮑爾臨危受命，上場挽救岌岌可危的政府，結果表現出色，他不為紛擾所囿。我還記得他的第一場白宮簡報，他一派處變不驚，四兩撥千金，時而給出幽默的回答，顯得自信滿滿，沉穩可靠，足堪大任。此外，他跟媒體直來直往，時而妙語幾句，成為記者愛訪問的對象。

鮑爾獲得人人的敬重，先後在布希、柯林頓與小布希政府擔任要職，在許多職位上都是首位非裔人士，打破非裔的任官限制。

這些年過去，鮑爾早已離開政府，當我踏進他的辦公室，不禁為其簡樸大感訝異。大落地窗是對著普普通通的喬治華盛頓路，而非對著寬敞大道或華盛頓紀念碑等足以彰顯歷史定位的壯景。辦公室牆上沒有鮑爾穿軍服的照片，沒有他跟各國元首的合照，不像許多「前任」高官總愛靠照片展現豐功偉業，緬懷過往榮光。放眼望去，最引人注意的當屬桌子旁的一部鮮紅色摺疊小推車，這是美國希望基金會的象徵，由鮑爾在二十年前為關懷弱勢青少年而創立。

鮑爾是美國兩次對伊戰爭中的要角。第一次美伊戰爭，他是美國參謀長聯席會議主席，向布希總統提供軍事意見；第二次美伊戰爭，他擔任美國國務卿，在小布希政府主管美國外交事務。這兩場戰爭並非由他主導，而是由許多其他勢力及官員左右，但他的角色仍堪稱舉足輕重。他所問與未問的問題堪稱佳例，反映策略性提問在危機時刻能如何形塑決策。

鮑爾解釋說他的策略性提問做法源自軍中訓練，在預備軍官訓練團期間學到先快狠準的「評估局面」，了解問題所在。假設部隊要攻占一座小山，年輕軍官或資深將官首先得問：

那裡有什麼？
敵軍有多少？
天氣將如何？
時間有多少？

裝備有多少？

我們的彈藥補給率是多少？

敵軍當前動向為何？

敵軍的掩體如何？

敵軍的掩體強化能力如何？

鮑爾說當你評估完敵軍的能力，自然能擬定計畫，包括策略與時程。進攻的成敗取決於正確提問，盡量準確「評估局面」。

鮑爾平步青雲，面對的難題不再只是攻占小山，不只要打贏單一戰役，還要打贏整場戰爭。他以策略性問題綜觀全局，設定目標，挑戰自己與上級的思維，跳脫團體迷思和傳統智慧，呼應凡穆倫對策略的定義，「在長程成果無從確知下做出複雜的決定」。

美伊戰爭靠八個提問勝利

一九九〇年八月，伊拉克入侵科威特，時任美國參謀長聯席會議主席的鮑爾面臨一大考驗。波斯灣地區局勢本即不穩，海珊的入侵行動驟然攪亂一池春水，展現獨裁者對權力與領土的強取豪奪，威脅到沙烏地阿拉伯這個盛產石油的美方盟國，布希總統表示，這次的侵略行為「將無以為繼」。鮑爾向我說明，布希總統想聽取建議方案，最初的提問圍繞在定義這次任務。

鮑爾說：「起先的爭論是你想怎麼做？你只想保護沙烏地阿拉伯，確保伊拉克不會揮軍南下？還是你想把伊拉克趕出科威特？你還想做什麼其他事情？你想攻打巴格達嗎？我們需要回答這些問題……然後才能擬定計畫。」

進軍巴格達並非良策，鮑爾尤其反對，向布希說明美國攻進巴格達推翻海珊的情況：「你就得為二千五百萬個伊拉克人民負責，背負他們的希望、渴求與難題，全得一肩扛起。」

後來五角大廈展開沙漠風暴行動，準備把伊拉克趕出科威特。計畫人員考量伊拉克的作戰能力、地形、道路、港口、水道、天氣與人口分布，斟酌美國與盟軍的戰力。鮑爾不是貿然建議總統派出五十萬大軍把海珊的軍隊趕回老家，而是憑策略型提問從外交、政治與戰爭角度權衡得失，掌握目標、資源、後果、理據與風險。由於鮑爾經歷過越戰，他想問如果美伊戰爭耗費巨資並深陷泥淖，美國民眾是否會支持繼續出兵。

鮑爾以八個策略型問題綜觀全局、質疑認知並定義成功，認為唯有八個答案都是「沒錯」，總統才能懷抱信心發動大規模的解救科威特軍事行動。

重要國防利益是否受到威脅？
這項行動是否得到美國人民的支持？
這項行動在國際上是否廣泛得到真心的支持？
風險與代價是否經過全面而審慎的評估？
動武以外的選項是否都已證實無效？
這項行動的後果是否經過通盤考量？
我們是否有明確可行的具體目標？
我們是否有避免長期陷入泥淖的退場策略？

所有答案都是：沒錯。經過宏觀評估，伊拉克明顯對國家安全與全球安全構成威脅，違反國際法，製造地區動盪，尤其波斯灣一帶是全球重要的產油區，多條重要國際航道經過此地。美國國會同意動武，而且根據蓋洛普的民調，四分之三的民眾支持出兵。國際社會同樣支持，聯合國安理會第六百七十八號決議核可所有把伊拉克趕出科威特的必要措施，許多中東國家同意聯手抗伊，連平時反美的國家也一同效尤。

鮑爾的提問還得到其他重要回應。美國、伊拉克鄰國及美國最重要友邦的情報單位紛紛提出報告，對海珊的企圖與實力做出一致評估。在外交選項方面，美國透過第三國與聯合國設法斡旋，也與伊拉克的外交部長直接晤談，還跟中東所有鄰近國家及二十多個戰略夥伴商討。政軍高層對所有狀況沙盤推演，包括伊拉克破壞自家油田的最糟狀況，而伊拉克最終這麼做了。

最後鮑爾對成功定義的提問獲得明確答案、具體目標，以及可行的退場策略。美國訂出沙漠風暴行動，意在把伊拉克軍隊趕出科威特，迫使海珊遵守國際法與聯合國決議，但美軍不會無限延長占領時程，也無意參與國家重建工作。

戰爭由空襲揭開序幕。美軍與聯軍轟炸伊拉克的陸空基地和政府大樓，迅速摧毀目標。當美軍與聯軍的地面部隊進入科威特，伊拉克軍隊正在撤離。儘管海珊並未下臺，這次任務可謂成功。

地面戰爭只持續一百小時。鮑爾從未如此耀眼。

因為沒問，變歷史罪人

如果國家元首缺乏方向，剛愎自用，只照幕僚的資料行事，那麼事態不妙，國家凶多吉少。如果沒人提出質疑，也沒人回答質疑，錯誤思維無法獲致關注與處理。鮑爾即感受過決策不當的後果，由於他跟同仁未充分妥善提問而導致第二次美伊戰爭的爆發。

二〇〇一年，九一一恐攻事件爆發，當時擔任國務卿的鮑爾面臨眾多鷹派人士，包括副總統迪克．錢尼（Dick Cheney）、國防部長唐納．倫斯斐（Donald Rumsfeld）與許多高層要角，他們要求美國以強硬的軍事行動回應。在美國打完阿富汗（蓋達組織根據地）之後，錢尼他們認為伊拉克是下一個合理的開戰對象，原因是伊拉克握有大規模毀滅性武器，違反第一次美伊戰爭（又稱波斯灣戰爭）之後的銷毀武器承諾。

在美國國內，民眾對紐約世貿中心與華府五角大廈所受的恐攻仍餘悸猶存，非常支持政府對伊拉克開戰。美國政府向世人表示情資正確無誤，伊拉克確實握有大規模毀滅性武器。然而政府內部卻不願好好面對一針見血的策略型提問，例如：

風險與代價是否經過審慎的全面評估？

這項行動的後果是否經過通盤考量？

我們是否有明確可行的具體目標？

鮑爾針對第一次美伊戰爭所提的問題如今格外切題，卻遭置之不理，甚至連鮑爾自己都在一旁敲邊鼓。

二〇〇三年，鮑爾在聯合國大會上指出：「坐視海珊繼續持有大規模毀滅性武器數月或數年並非可行選項，在九一一恐攻事件之後的世界裡萬萬不可。」

然而後來證明海珊並未持有大規模毀滅性武器，情資並不正確，美國政府沒有向正確對象問對問題。原本我跟鮑爾談笑風生，但當我問他跟美國為這個失敗付出了何種代價，他首次流露怒氣，表示當年他拿到錯誤的情資。美國國會在他赴聯合國大會的四個月之前收到情資，跟中央情報局的國家情報評估報告看法一致，舉凡希拉蕊、約翰・凱利（John Kerry）與約翰・麥肯（John McCain）等兩黨重量級參議員皆表認同，參議院情報委員會主席傑伊・洛克斐勒（Jay Rockefeller）也出面背書，小布希總統在國會發表國情咨文時引用之、副總統錢尼上電視受訪時引用之、國安顧問康朵莉莎・萊斯（Condoleezza Rice）也引用這情資向ＣＮＮ表示海珊離取得核武僅數步之遙，比外界想像的更危險：「我們知道他有製造核武的設備與專家，但可不希望他真能握有核彈。」

「他們都說這千真萬確，有憑有據。」鮑爾對我說。但他們全錯了。

尤其驚人的是中情局指稱伊拉克有移動式生化武器製備設施，足以躲過化武查驗與間諜衛星。然而這消息只有一個來源，出自代號為「曲球」的伊拉克投誠人員，他向德國情治單位供出此事，但未經美方查問。等美軍入侵伊拉克之後，我們才知道這純屬子虛烏有，「曲球」只是憑空扯謊。

為什麼當初沒人發覺「曲球」的說法漏洞百出？誰該為此提出何種疑問？為什麼相關單位明知「曲球」並未經美方查問，卻對他的證詞照單全收？十多年後，鮑爾仍怒不可遏。

鮑爾說：「那該死的中情局局長為什麼不問！他該問探員說：『你們到底知道些什麼？……這情報是從哪裡來的？有多個情報來源嗎？』」

身為國務卿的鮑爾沒有大踩煞車。副總統與國防部長等鷹派主導決策，卻也沒問對問題。美軍在伊拉克陷入泥淖，進退兩難，耗費巨資，許多人員傷亡，戰況不盡理想，成果未如預料。

鮑爾在著作《致勝領導：鮑爾的人生體悟》（*It Worked for Me*）寫道：「這個失敗

會永遠跟著我和我在聯合國的發言，汙點永遠會在。我主要是氣自己沒察覺異狀，直覺失靈。」

在這個遠離攝影師與鎂光燈的辦公室裡，這位退休將領暨前國務卿顯得悶悶不樂，後悔不已，眼看他為美國的長年奉獻取得出色成果，曾打破藩籬，曾備受推崇，卻因為他跟別人一時不夠當心，沒有妥善運用策略型提問，結果留下生涯汙點。

鮑爾跟我說：「這臭名由我擔，擔到我死。唉，算了。」

華府中人不只決心過人，還往往自我過頭。你要受人看重，就得人脈甚廣，就得關係良好，就得大權在握，就得頭銜顯赫，一旦失勢落馬則乏人聞問。一般人大多不肯擔下失敗之責，很容易就把過錯推給別人，閃躲棘手問題，顧左右而言他。鮑爾不是這樣，而是在事情搞砸時承認錯誤，負起責任。當初他該大聲直言，提出艱難的策略型問題，別人肯不肯聽是另一回事。這對他跟我們都是一大教訓。

生涯規劃也通用

一九九〇年代中期，鮑爾聲勢如日中天，考慮競選總統。支持者力勸參選，使命一清二楚，鮑爾的第一本著作《我的美國之旅》（*My American Journey*）登上暢銷排行。美國在第一次美伊戰爭讓海珊灰頭土臉，鮑爾肩上的四顆星熠熠生輝，他堪稱一大英雄，故事激勵人心，聲望如日中天，簡直是當今之世的艾森豪將軍，有能耐讓華府有條不紊與紀律儼然，讓共和黨更加多元與脫胎換骨。當鮑爾透露有意參選的動向，新聞節目熱烈討論，報紙專欄大談特談。當時我在CNN主持節目，名嘴與來賓七嘴八舌講到欲罷不能，人人都想發表高見。那真是做節目的美好時光，但熱潮倏忽即逝。

鮑爾向自己提出策略型問題，這一回切身得多：

第一，我有責任要選嗎？

第二，我真的想選嗎？

第三，我很有勁要選嗎？

第四，我有組織方面的長才嗎？

第五，我會喜歡競選活動嗎？擅長嗎？

第六，家人怎麼看待這件事？

每一題他都能給出肯定的答案嗎？不能。他沒那個勁，而且家人也不樂見，尤其他妻子艾兒瑪這些年憂鬱症纏身，他沒道理叫她承受競選期間無止無休的折磨，更別提如果當選之後那沉重的公眾壓力。評估下來，鮑爾不會參選總統。

反之，鮑爾在美國史上極為艱困的時期擔任國務卿，他演講，他出書，他奔忙。在卸任時心存遺憾，但仍持守正直，為國為民，不失將軍風範。而且他自豪地在桌子旁擺著一部鮮紅色摺疊小推車，象徵美國希望基金會。

提升視野，使抉擇更謹慎

無論在專業領域或日常生活，**策略型問題都是面臨抉擇時的重要利器**，看似簡簡單單，實則有助宏觀審視，凸顯目標，馭繁為簡，進而在高度風險中做出決定。

你也許像鮑爾那樣決定每個答案都得是「沒錯」，也許覺得答案模稜兩可亦無妨，畢竟有些最佳點子與策略來自靈光一閃。不過策略型問題旨在激發宏觀檢視，從能力與目標等角度進行衡量。無論你是在考慮工作上的大變動，還是投入大量時間與資源，不妨思考長程的影響與目標，問出原因、地點與方式，這樣有助釐清風險與遠景。當你面臨十字路口，不妨向自己或組員提出類似下列這些問題：

這行動對我有益嗎？
有更高的目標與使命嗎？
感覺正確、重要和符合我的價值觀嗎？
我有熱忱去做並堅持下去嗎？
我能定義何謂「成功」嗎？
我有達成的竅門嗎？
我是否評估過代價、好處、風險、回報跟替代方案？
這對我的感受、智識與靈魂有什麼益處？
身邊最親近的人覺得這是好主意嗎？
我會自豪地把這列進自傳或訃聞嗎？

正如比爾與梅琳達蓋茲基金會在思考投入瘧疾防治時那樣，他們憑策略型問題的答案檢視防疫需求與自身能力，訂出在全球大舉對抗瘧疾的合理計畫，接著跟醫生、學者、政府、非政府組織、地方組織與一般民眾攜手合作，取得長足進展。他們的策略別具雄心，計畫規模宏大，以正確的提問為基礎，以適切的議題為目標，經過妥善考量與執行，成果令人滿意，所承擔的成本與風險顯得相當值得。

第3章

同理型提問

著重情感的分享，探索內心

ask more

我跟四個年輕媽媽圍坐成一圈，互相面對面。她們彬彬有禮、語調輕柔、盛裝打扮，熱切聊著自己跟孩子的事。裡面有黑人、白人與拉丁美裔，全是單親媽媽，正接受某種社會救助。

我是在替CNN做社會福利改革的節目，從福利的接受對象著眼，她們的聲音不常被社會聽見，我們往往只是談到她們，而不是跟她們對談，但我想聽到她們的故事，一起探討福利改革的可能影響。那個改革法案是一九九六年的〈個人責任與工作機會法案〉，替救濟金的支領訂出期限，要求支領者找工作，縮緊對孩童的補助，試圖藉限制年輕單親爸媽的補助以減少非婚生子情況。我聽過無數政治人物與學者專家對這議題發表高論，卻好奇真正受到法案改革影響的人有何想法？所以我問了。

新法案會有什麼不同？

妳們想做哪種工作？

要怎麼靠工作達到收支平衡？

她們都說工作有助生活與財務，帶來自尊與穩定收入，讓她們把母親的角色做得更好，但她們仍需要照顧孩子，需要健保，擔心工作收入不見得夠養家糊口。即使她們想工作，卻有實際的擔憂及一堆的問題。

大家你一言、我一語。我得知她們的生命故事，發覺事情遠比原本想像的複雜。她們當中有三位面臨酗酒或用藥的問題；其中一位有六個小孩，包括一個罹患先天性心臟病的兒子，常需醫療照護；她們全沒上過大學，且其中一位識字不多。

其中一位提到即將在當地醫院應徵，正興沖沖地準備面試。我問：「那是一份什麼工作？」她答：「櫃臺之類的。」我問：「待遇如何？」她認為就是基本工資吧。我問：「基本工資要怎麼付小孩的托育費？會有醫療保險嗎？」結果她答不出來。

對談持續進行。我發覺真正的問題在於我們對此所知甚少，難以想像。她們活得窮困艱辛，充滿掙扎，充滿痛苦，有時簡直自作自受。我盡量向觀眾充分呈現這場對談，卻希望大眾都在現場，自己提問，聽取回答，原因在於她們儘管面臨種種期望與刻板印象，卻展現堅強的決心，相當激勵人心。你可以靠提問獲得他人的觀點和感受：

妳每天起床時看見了什麼？

妳有什麼感覺、恐懼與想法？

妳對孩子有什麼期望？

我向來最感興趣的問法是把受訪對象當成活生生的人，獨一無二，有各種面向，有各種故事。這類提問直探最錯綜複雜的人性幽微，照見靈魂與生命的深度，有助你對天差地遠的他人感同身受。

這類同理型問題抱持真誠無私的興趣，探索別人的心聲、想法、恐懼與感受，好好傾聽，不下斷語，在對方沉默時靜靜等候，在對方思索時不予打岔，讓對方暢所欲言以致真情流露。

無論你是碰到離婚的朋友、罹癌的家人、成績不佳的學生、出身不好的少年或領救濟金的媽媽，同理心提問都有助牽繫起你們；當你需要跟同事懇談或消弭人際爭端，不妨採用同理心提問；當你想跟大相逕庭的對象搭上線，同理心提問容易用感受得到共鳴。

在這一章裡，我會藉由舉例探討同理心提問，也會引用相關研究與專家的說法，說明如何**憑同理心提問提升信任度**、**增進關係與了解自己**。這類提問的好處不勝枚舉。研究指出，主管愈能設身處地，員工的做事效率愈高；醫生愈能感同身受，病患的治療效果愈好。許多研究驗證同理心能促進健康與減少壓力。二〇一一年，《美國醫學院學會期刊》（*Journal of the Association of American Medical Colleges*）上的一項研究發現，如果糖尿病患是看有同理心的醫生，其血糖的控制狀況較好。根據其他研究，癌症患者更信任有同理心的醫生，憂鬱程度較低，生活品質較佳。

同理型問題有賴從另一個角度觀看事情，並從另一個角度提出問題，通常要能做到以下幾點：

- **設身處地**。同理心有賴從別人的角度看事情：他在想什麼？他有什麼感覺？如果你設身處地會看見什麼？
- **給予空間**。先問比較大的問題，讓對方侃侃而談，談得舒服自在。
- **弦外之音**。你挖得愈深，愈需要聽到語調與情緒等線索。停頓與遲疑有其意涵，肢體動作、臉部表情與目光接觸都反映內心。

● **適當距離。**展現同理與好奇，但仍保持適度的距離與抽離，方能避免妄下評斷，提出客觀的問題或建議。

同理是為了從對方的視角和感受看事情

海倫·莉絲（Helen Riess）是哈佛醫學院的精神病學臨床教授，投入同理心的研究，教導醫生如何把同理心運用在治療上。我跟她都是佛蒙特州明德大學的董事，所以認識對方。打從我們初次碰面，我就對她大為佩服。她生來擅長專注傾聽，在會議上的發言兼顧各種觀點，兼具深度與敏銳。舉例而言，她提到學生的生活時，展現對大學生所面對壓力的格外關切，例如：學生被科技吞沒，隨時隨地收到訊息；背負如山的學貸；面臨就業的不確定，置身在高度競爭的全球經濟體制下。

我得知海倫的教育背景與研究興趣，發覺她堪稱同理心專家，她長年投入同理心的研究、教學、寫作、實務與訓練。我想知道她認為我們要如何靠提問發揮同理心的力量，於是到波士頓拜訪她。

我們在她辦公室附近的餐廳碰面，離麻州總醫院僅數步之遙，她在那裡擔任同理心與關係科學計畫的總監。海倫不只教同理心，也身體力行。我們在餐廳裡交談時，她雖然不失放鬆自在，但身子湊近，眼神專注，絕少往下看餐點，傾聽得相當認真，沒有智慧型手機的干擾打斷。

海倫向我說同理心是「一種傾聽並進入他人觀點的能力」。你不只理解對方，還要變成對方。「進入觀點」是憑提問了解對方的觀點、情緒、行為與想法，從他們的眼睛，理解他們的視角。

海倫告訴我：「這時想像力跟好奇心就進來了。你試著跳脫自己，易地而處。」**同理心不是在問：「我會有怎樣的感受？」而是在問：「我想知道他會有怎樣的感受？」**她的同理心提問反映這種「進入觀點」。

如果去感受這個人的經歷會是怎麼樣？

別人有什麼感受？

害怕？歡欣？脆弱？

身為他們那樣的人會是什麼感覺？

海倫與醫生共事，教他們如何憑尋常問題建立具同理心的關係。這類問題非常簡單明白，但如果問得真誠，則既能得到有用資訊，還能傳達真切關心。

今天過得怎麼樣？

不過海倫跟醫生們說，他們不能只是提問，還要認真傾聽、誠心傾聽，不光只是聽字裡行間，還要聽語調與想法等弦外之音，外加觀察肢體語言與外在反應。她訓練他們保持目光接觸，藉由觀察臉部判斷患者是放鬆、焦慮、驚嚇或緊繃。如果患者展現強烈情緒，醫生該直接回應，基於同理心而詢問。

你最擔心什麼？

海倫教這些醫生勿在患者說話時看著電腦，盡量少插嘴打斷，在患者激動或害怕時保持冷靜並設法鼓勵，接收他們的字句與線索，保持專注，展現支持，顯得將心比心。

海倫認為醫生發問後有責任把病人所說的充分聽進去，而這會影響治療成效。病人要是覺得醫生沒有感同身受，則容易不太信任醫生，對診斷愛理不理，滿意程度低落許多。海倫的研究驗證這些發現。

海倫說：「我們做了一項研究，檢視相關論文，進行比對分析……結果發現，醫生與病人的關係如果不好，缺乏同理與溝通，那麼病人的病況往往不理想，在肥胖、氣喘、高血壓和關節炎等方面都有統計上的顯著差異。如果醫病關係不佳，病況也就不佳。」海倫還說，根據一位博士生的研究，醫生如果對病患將心比心，醫生自己肩負的壓力也會比較小。

同理心喚起人性。美國詩人華特．惠特曼（Walt Whitman）一語中的：「我不問傷者有何感受，而是自己變成傷者。」最好的同理心提問反應惠特曼的金言。

這是我找費城國家公共廣播電臺節目主持人泰瑞．葛蘿絲對談的原因。

能攻破心防的主持人

費城國家公共廣播電臺隸屬於全國公共廣播電臺系統，位於費城市中心，採二十四小時全天候播放，其中一位節目主持人為千萬民眾所熟知。

這位節目主持人是《清新空氣》（*Fresh Air*）的泰瑞・葛蘿絲，她訪談過數千個來賓，提問很有自己的一套，清晰而真誠，輕描而淡寫，時常流露深切同理心，拉近彼此的距離，進入來賓的心中。全美約四百五十萬名聽眾每週透過四百多個電臺或網路串流音檔收聽她的節目。她的主持風格與語調獨樹一幟，時常訪問別具創意的來賓，像是作家、演員、畫家、音樂家、思想家與理論家。

泰瑞瘦得像電線桿，僅一百五十公分，身形毫不起眼，卻是廣播界數一數二的訪談高手。她在大廳迎接我，帶我到其中一個大錄音室。早年我待過電臺，在昏暗簡樸的錄音室感到很自在，面前只有一張桌子、幾張椅子，以及旋轉式支架上的幾支麥克風。我們準備對談，兩人都相信廣播的魔力，清楚訪談的祕密。廣播相當私人，沒有分心的事物、沒有刺眼的燈光、沒有突如其來的攝影機，來賓在錄音室更為放鬆，聽眾則憑聲音自行想像來賓的神情樣貌。

泰瑞起先沒料到會走這一行。她兒時安靜害羞，不愛透露私事，尤其是自己跟家人的事。爺爺奶奶是猶太裔的俄國人與波蘭人，逃亡到美國，閉口不談悲慘往事與家族瑣事，覺得「許多往事就是別掛在嘴上」。

後來泰瑞在水牛城的電臺謀得一職，開始發掘她的廣播天賦。那是主打女性節目的電臺，其中一個節目由女律師主持，探討婦女與離婚的議題，求職信裡要舉出這節目能問的題目，而泰瑞當時自己正經歷離婚，寫起來得心應手，而順利雀屏中選。

當時是一九七〇年代，那是一家位於大學校園且崇尚平等的電臺，所以人人有機會施展身手，泰瑞開始主持一些節目。她愛這工作，這工作也愛她。她記得某一集節目是邀女性主義者談女性內衣，如內衣是在物化女性嗎？另一集節目討論女性是否為大眾文化下的性弱勢，飽受吸血鬼德古拉（按：小說中德古拉專吸年輕女子的血）公然的性虐待。泰瑞露出賊賊的笑容，跟我說德古拉真是「非常走性虐待路線」。

兩年後，她搬到費城並加入費城國家公共廣播電臺，從此落地生根。

泰瑞的第一條訪談守則是「了解來賓」。找出來賓人生中最有意思的地方，傾聽他們、注視他們、解讀他們。她解釋說：「你愈了解對方，愈真誠關心對方，他們愈願意相信你，把人生故事告訴你。」你要設身處地，進入他們的觀點。她還說：「他們愈願意相信你，就愈願意把心打開。他們愈願意把心打開，對話就顯得愈迷人。」

泰瑞請來賓分享經歷與想法，說出他們的出身，說出幹勁的來源。她想知道來賓為何會是現在這樣子，尤其好奇演員、作家、畫家、音樂家與思想家等別具創意的來賓。隨著經驗累積，**她發現不妨把大問題拆成小問題，更能得到具體答案，呈現人生經歷，激發種種思索**。

泰瑞說：「你可以問他們的童年往事，明白他們是否心裡藏著傷痛？所有往事造就現在的自己。」

他們是外放或拘謹？

他們在學校是否表現理想，對學校是否喜歡？

他們父母是怎樣的人，是哪裡的人？

他們從小是怎麼被帶大？

他們喜歡閱讀嗎？

他們愛上戲院嗎？

他們買的第一張唱片是什麼？

不帶批評而直接的訪問

泰瑞跟喜劇演員崔西・摩根（Tracy Morgan）做過一次震撼人心的訪談，深掘他跌跌撞撞的青少年時期，了解那段歲月是如何啟發他的創意。值得留意的，她的提問不帶評斷，卻也單刀直入。

泰瑞：「我想請你稍微談一談青少年那時期。你讀中學的時候，你爸死於愛滋，所以你輟學了，而且需要錢。你開始賣大麻，最後改賣古柯鹼。」

崔西：「對。」

泰瑞：「嗯，不過我好奇的是，你有沒有聽從艾爾・帕西諾在電影《疤面煞星》裡的意見：『別吸自己的貨』？」

崔西：「不，我沒吸過毒。我的毒就是啤酒，就是酒精。至於毒品嘛，可沒碰。我會呼麻，喝喝啤酒，跟大家一樣，跟飛魚費爾普斯一樣。可是我不吸毒，從不。我爸就為吸毒而死的，所以我很懂。唔，我滿聰明的，懂得這道理，從小時候就知道我想過一種更好的人生。」

泰瑞：「你說販毒會遇到三教九流，對演喜劇有幫助。可以解釋一下嗎？」

崔西：「喔，販毒不是好事，對我以前住的地方尤其不好，到現在都還困擾著我，但當年我確實做了這件事，為了活下來。現在我活了下來，不用再幹那種事。現在我長大了，但當年還不成熟，所以一時之間走上販毒的路。」

泰瑞：「說真的，你販毒的時候也知道毒品會害死人，那時你心裡有什麼感覺？」

崔西：「那時我只是個孩子，不懂害怕，簡直瘋了。當你不懂害怕，你就瘋了。」

泰瑞的提問帶著溫柔，也步步進逼，想了解那些帶來崔西創意的緊張、挫敗與逆境，卻無意讓來賓難堪與受傷。她語氣溫暖，用心傾聽，根據對方的各種情緒調整自己。

泰瑞說：「我無意讓他們感覺被羞辱，無意要他們說出半夜會輾轉難眠感到後悔的話，也無意要他們說出會讓父母、孩子或摯友懷恨在心的話。」

當問題變得私人，情緒變得緊繃，泰瑞會偏向由來賓主導談話：「我不會一坐下來就問來賓的性傾向、宗教信仰或對死亡的恐懼，除非他們的作品或言談帶到了這些方面。」

同理心在此至為關鍵。泰瑞解釋說：「我想像如果我是對方的話會有什麼感覺。他們做出這件事或經歷那件事的時候，心裡有什麼樣的感受？我也會想我自己的人生是否有類似經歷，但原因不是我想跟他們聊我的人生，而是我想獲得更感同身受的理解。」

複雜性情的人也難抵擋

先前泰瑞訪談知名童書繪本作家莫里斯・桑達克（Maurice Sendak），憑同理心提問得到精采的訪談成果。

桑達克是《野獸國》（*Where the Wild Things Are*）的作者，他以複雜性情聞名，擅長把陰暗現實轉化為兒童的歡樂冒險，充滿天馬行空的奔放創意，公開宣稱是無神論者，時常自省，直到晚年才出櫃。二〇一一年九月，新英格蘭剛入秋，桑達克跟泰瑞進行電話訪談，這時的他八十三歲，健康每況愈下，伴侶不在人世，只得與孤獨作伴。不過他剛出版《糊塗的阿爾蒂》（*Bumble-Ardy*），描述小豬阿爾蒂在九歲生日那天替自己辦了生平第一場慶生會，故事內容在談成熟長大與保持年輕，在談慶祝與派對，在談愛與救贖。泰瑞先前多次訪問過桑達克，兩人認識多年，他很信任她，而她這次訪談的語氣時時流露關愛。

她恭喜他出了新書，簡單的問：「你最近過得怎麼樣？」

桑達克語帶疲憊與無奈，對她坦言：「不是很好，畢竟我很老了。」

接著講到他仍在工作，但是否出書不復重要，餘下的時光「只有孤獨一人」。他講起出版社發行人過世了，發行人的太太也過世了，因此曾淚流滿面，不得不面對這件事，可是非常非常難。

提問可以是一門藝術。泰瑞聽到桑達克的孤單寂寞，感到他的死期將至，所提的下一個問題巧妙而直接。

泰瑞：「你是不是覺得自己怎麼比很多你所愛的人活得長？」

桑達克：「當然。而且我不相信死後的世界，不相信來生，所以他們死了就死了，離開了我的人生，永永遠遠離開。只剩空無，空無，空無。」

泰瑞明白朋友的死亡會考驗信念。她知道桑達克不信上帝，排拒宗教，但她仍好奇如今他在思及自己的死亡時，是否有任何趨向宗教的感懷。

泰瑞問：「你還是堅持無神論嗎？」

桑達克回答：「對啊，我沒有為年老發愁。我沒有為必然的結果發愁。我只是看到朋友先我一步離去，生命變得空洞，所以掉下眼淚。」他看著窗外的百年楓樹：「我能看見楓樹有多美，能花很多時間看見楓樹有多美。這是年老的好處。」

之後泰瑞向桑達克道謝，準備替訪談收尾，沒想到兩人的對話卻柳暗花明來到高潮。她聽見言外之意，察覺他梳理想法的語調，於是靜候他的回答。

泰瑞：「我很高興我們有這個對談的機會。當我聽到你要推出新書，我就想這是很好的理由……可以打給莫里斯．桑達克聊一聊。」

桑達克：「對，我們一向是這樣吧？」

泰瑞：「對，沒錯。」

桑達克：「我們過去一向是這樣。」

泰瑞：「是啊！」

桑達克：「感謝上天，我們現在還能這樣。」

泰瑞：「是。」

桑達克：「而且我幾乎一定會比妳先走，所以不必想念妳。」

泰瑞：「噢，這個……」

桑達克：「而且我不知道還會不會創作下一本書。也許會。但這不重要。我是個快樂的老頭，但我會在往墳墓的一路上哭泣。」

泰瑞：「不過我很高興你推出新書，很高興我們有機會聊聊。」

桑達克：「我也是。」

泰瑞：「祝你一切安好。」

桑達克：「祝妳一切安好。好好過人生，好好過人生，好好過人生。」

桑達克在他最孤獨的地方，直視人們註定面對的生命終局，言詞間幾乎流露詩意。泰瑞說這是她所做過極其真情流露的訪談。

「那場訪談打中我的地方，在於他打開那扇我根本沒敲的門，暢談那些我連父母臨終前都覺得對他們難以啟齒的問題。」泰瑞拾起桑達克的線索，跟著他的思路，溫柔提問，在大概不經意間對他設身處地——孤單、脆弱與赤裸。她提出困難的問題，對任何回答來者不拒，對所有回應洗耳恭聽，然後再提出更多問題。

「這就是訪談的重點。」泰瑞解釋：「你有一個特別的目的，那就是往深處鑽，直探一個人的本質。」

無論你是電臺主持人、朋友、憂心的伴侶或受信任的同事，同理型問題能帶來發現與驚奇，有助深入挖掘與換位思考，但另一方面，也可能觸及非常隱私的部分，變得艱難痛苦。同理心對話有賴耐心、技巧與專注聆聽。泰瑞尋求一個人揭開內心的時刻，聽見情緒、內在想法與對人類處境的表達，聽見反思、認知或開誠布公前的停頓，等待先前不為人知但發人深省的故事浮現。

她創造我所謂**親密的疏離**（intimate distance）。一方面，她擅長營造親密感，對來賓展現明顯的好奇，所提問題反應人性的複雜與脆弱，更顯出對來賓真切的在乎；另一方面，她的疏離則來自往後坐，不下評斷，讓沉默持續，維持局外人的眼光。基於親密的疏離，泰瑞既可以投入情緒，又不至受情緒所囿，喪失旁觀的超然。

桑達克在受訪後的八個月辭世。

桑達克在《糊塗的阿爾蒂》之後，還出版另一本新書，但若論哪部作品最呼應他自己的人生旅程，終歸是他最知名傑作《野獸國》裡的文句。

現在我正拿著這本書。書皮殘破老舊，整本幾乎快散掉了。在孩子還小時，我為他們念過這故事非常多遍，如今閉上眼睛就能感覺到他們，懷抱天真與驚奇，依偎在年輕的我旁邊。如今我看見這趟旅程，走完好大一半。

《野獸國》講述小男孩阿奇的故事。他喜歡冒險，有一天頑皮地穿上野狼外套，乘著他的私人小船來到野獸國。後來當他覺得該是時候回家了，他「航行了一年多，一月復一月，一天又一天，終於回到那天晚上，回到自己的房間，看見晚餐在桌上等他……而且還是熱的。」

在訪談時，桑達克正是向泰瑞傳達這種對時空的概念，對旅程的體悟。哪個小孩不會發揮想像，跟小好奇心有戚戚焉呢？

你不必非到大學讀學位就能掌握聆聽的技巧，提出同理的問題，所需要的只是了解交談的對象，想像他們眼中的世界。泰瑞說這就像是挖礦，挖掘表面底下的東西。

「我訪問人時是觸及他們已經有的自我認知。」她說：「我沒有自認是心理治療師，要問出他們原本所沒有的自我認知。」

泰瑞的認知很對。無論她再擅長提問，她的職責終究不是擔任佛洛伊德的門生，直探他人心底的祕密與不安，深入他人壓抑的記憶與往事。那是別人的工作。因此我決定和一位心理治療師碰面，他們所受的訓練就是要持續謹慎探入心底，是不折不扣的同理型傾聽者。

內在對話，有療癒的力量

我和貝蒂・普莉絲特拉（Betty Pristera）在北卡羅萊納州的羅利達拉姆國際機場碰面。她開本田小車出現，車款跟活潑的她很搭，我不久後得知她還是厲害的芭蕾舞者。車剛停妥，她跳下車跟我打招呼。

「歡迎來到羅利達拉姆地區。今天過得怎麼樣？」她燦笑著說，跟我握手，領我坐上前駕駛座。車子還沒駛出機場，她就問起我的生平。我們到附近一家餐廳吃稍嫌過晚的早餐，蛋都還沒上桌，兩人就聊開了。

先前我向一個朋友提到，我想了解心理治療師如何藉同理型提問幫助患者挖掘內心並加以治療，於是他介紹貝蒂給我。那朋友曾經歷一段艱難困頓，貝蒂助他撥雲見日。他說她會好好傾聽，適當引導，展現同理，但不下評判。在她的協助下，他把心攤開來，探索自己的生命歷程，深切反思觀照，看見自己原先不願看見的祕密，重新接起點點滴滴，讓生活回到常軌。諮商時，她也是保持親密的疏離。

我想知道如何把這種技巧運用於提問中。我們能從這位擅長同理他人的心理治療師身上學到什麼，更有效發揮聆聽的功用？

貝蒂來自一個義大利大家庭，在紐澤西長大，父親是化學家，母親是家庭主婦，從小熟悉南義的傳統、口味與氣味，家裡總是熱熱鬧鬧，美食飄香，音樂飄揚。家人都有愛彈的樂器，父親和哥哥拉小提琴，母親和姊姊彈鋼琴，大多喜歡高歌一曲。貝蒂很小就學鋼琴，九歲即在外頭表演，有些人說她該讀茱莉亞音樂學院，踏上音樂之路，但她對人更感興趣。

貝蒂十一歲時，眼看外公過世。那時外公行將就木，痛苦煎熬，母親在病榻照顧他，貝蒂跟在一旁，看母親流露「關愛與勇氣」。這段經歷後，貝蒂把這當成天職，在醫院當義工，最終考進護理學校，取得社工的碩士學位，研究婚姻與家庭治療。她的第一份工作是在東賓州精神醫學中心帶成人的團體治療。當她的丈夫到北卡羅來納大學深造，她在北卡羅來納大學謀得一職，投入婚姻與家庭治療的實務工作，幾年後出來開業，患者絡繹不絕。

家庭日漸轉變，貝蒂的患者跟著轉變，既有異性戀伴侶也有同性戀伴侶，既有繼親也有養親，各形各色的家庭。她會熱切傾聽，專注凝視，但對患者從來不下評斷，只把一切盡收眼底，像是患者的焦慮、憂鬱、親子問題、成癮問題和各種悲劇。貝蒂的態度溫柔而明確，跟患者諮商時有清楚的目標。

「我對關係和家庭組成的定義很廣。」她說。她靠提問了解狀況，讓患者開口。

你哪裡會痛？

你在困擾什麼？

你試過什麼？

貝蒂樂於幫助患者，讓他們更清楚地了解自己。她的目標是引導他們「對自己感到憐憫與同理」，並且了解到「這當中蘊藏許多治癒的可能」。

貝蒂常以開放式問題起頭，讓患者侃侃而談。

你為什麼會來這裡？

接著她聽患者講，了解他們如何界定問題與經歷掙扎，在傾聽時善用「眼睛」，尋找信號，觀察壓力或焦慮的徵兆。患者的臉色可能改變，鼻子可能變紅，淚水可能在眼眶打轉。接著才進入感受的提問。

你現在這當下是什麼感覺？

你現在很難過嗎？

有些人會說對，有些人會哭。他們和她分享撼人的親密時刻。

「有些人會跟你說，眼淚一直都在，只是我一直不能哭出來，或者我無法釋放這情緒，或者……我一直不能哭出來，也無法好好睡覺。」貝蒂認為這種時刻對患者和治療師都是一個禮物。「這代表患者感到安心，安心於變得脆弱，安心於把內在展現給你和自己看。」

貝蒂接下來常會提出一個極其有效的問題，甚至根本不算是問題：

多跟我說一點。

一位我們姑且稱為羅傑的患者就是這麼把心攤開。他談起自己的婚姻。這婚姻幾年來跌跌撞撞，近來更搖搖欲墜，他和妻子絕少交談。幾個月前，他有一段短暫的外遇，但現在斷了。他沒有想找人排遣，但事情就是發生了。現在他明白他站在十字路口，為整件事難過，卻也茫然困惑。外遇的原因也許是婚姻讓他感到孤絕與不被愛，也許他只是在脆弱時遇到一個對他著迷的對象。他不知道事情是從哪裡出了錯，很想弄明白。

你想要這段婚姻嗎？

你想處理這件事嗎？

你先前接受過心理治療嗎？

她探究羅傑對問題有意識的程度，了解他是否知道自己和他人的感覺。她想知道他是如何看待這段婚姻，想知道他跟自己有什麼對話。

你太太是否也很不開心？

你是怎麼看這段婚姻？

你是怎麼看身為丈夫的自己？

你是否對另一半說過「我們碰到問題了，需要尋求協助」？

貝蒂希望羅傑談一談他的感受、目標和價值觀。

實際的你離自己所想當的丈夫之間有多大差距？

這有什麼感覺？

你怎麼對自己說這件事？

你現在希望這個差距是多大？

貝蒂是在用她所謂的「探究內在對話法」，希望患者能檢視並質疑自己。她說：「我也許會說，你聽起來像是跟自己有某種內在的對話、辯論或兩難。現在是誰在說話？對方說了什麼？這些聲音像是出自那個你知道的人嗎？」這方法是往內檢視，患者能探索自己的同理心，看他們是如何對自己和他人發揮同理。

貝蒂讓患者說話，對她說、對自己說、對彼此說。她會試著讓伴侶面對面，對他們提出一個挑戰：坐著聽對方說兩分鐘，不要回應或反駁。此外，他們還要保持目光接觸，試著放鬆，提出問題而非互相指責，設法從對方的角度理解對方。她把這稱為「緩慢、小心而溫柔的作業」。

「我常跟人說，你有解決這問題所需的一切，只是得放下許多東西。我還說我會幫你。我試著讓他們有力量。」她說。

貝蒂問出心理治療師的問題，進行探索與理解，讓人變得更健康快樂。這些問題反映貝蒂的同理心，也鼓勵患者發揮同理心。

更要傾聽字詞、語調和情緒

同理型問題能促成極其私人的對話，但不盡容易，原因在底線若不清，也許對這個人是鬆一口氣的坦白，但對那個人是不得觸碰的祕密。關於何時該尊重對方的心防與隱私，分寸拿捏著實不易，所以貝蒂有時靠「多跟我說一點」來試探患者，泰瑞碰到某些議題是採取在後跟隨而非在前領導。

至於我，我訪問別人時彷彿覺得得到許可，想怎麼問都行。我的多數受訪者都是公眾人物，被問是家常便飯，在你超線時也能不著痕跡地讓你知道。即便如此，有些事情我不會問，除非和他們的公眾生活或表現密切相關。我不會無緣無故的問起私事或傷痛，不會問起疾病或哀傷，除非能由此照見他們的人格特質。

基於這些理由，同理型提問需要持續傾聽，密切留意字詞、語調與情緒，而且如同海倫和貝蒂所說，光靠耳朵還不夠，畢竟人傳達情緒信號的方式可謂各形各色。他們也許侃侃而談，也許閉口不語，也許擔心即將發現的事物，而你要解讀這些信號，明白提問，並專注傾聽，這些是同理心本身的一大部分。

第4章

搭橋型提問

破解冷漠、敵意的防備，建立善意的對談

ask more

綜觀我做的訪談，來賓到場時大多很樂意，甚至很開心，想發表主張，想解述故事，想宣傳著作，想向更廣大的世界發聲，想分享他們的想法或經驗。泰瑞．葛蘿絲的節目來賓絕對也是這樣，她的觀眾可是數百萬計。同理，患者和貝蒂．普莉絲特諮商，想得到她的幫助，讓她對他們提問，問進內在的自我，卸下戒備的心防。然而那些不想交流的人呢？你要如何跟懷疑或憤恨的人搭起橋梁？如果你想對談的對象不願談怎麼辦？跟這類多疑或排拒的對象接觸有賴特殊技巧與額外耐心，可以藉搭橋型問題來建立關係與互信。

你也許想知道特定原由，為什麼這個新來的在辦公室晃來晃去？你也許想向不願透露的對象問出實情：你十幾歲的兒女是否打算趁你出遠門時在家裡開派對？你和「關係人」的對話可能細緻幽微，像是你來我往的雙人舞。如果你想讓對方好好道出，重點是妥善問出正確的問題，也就是要搭起橋梁。你才能知道：

發生了什麼事？

他們在想什麼？

我們遇上麻煩了？

人有一堆理由閉口沉默。他們也許想閃躲，也許覺得羞恥，也許基於你的身分或過往而對你有所懷疑，也許對世界抱持敵意或怨憤，也許天生喜歡把事情藏在心裡，也許就是沒來由的不想說。

搭橋型問題旨在鼓勵對不想說的人讓他開口。這些問題能引出資訊，蒐集情報，評估意圖與能力，**可用於同事、顧客、鄰居、父母、子女或嫌犯**。**所有閉口不語但心懷不軌的人**。

搭橋型問題是經過計算的聰明方法，讓別人把事情告訴你。我訪談的有些對象不願多言、排拒媒體或身陷醜聞，我對他們可能下意識地會用這方法。因為這些人全緊張不安，防備心重，絕少願意吐實，所以我需要迂迴切入相關部分，讓開口更容易，建立一定的關係，在適當時間才對他們提出關鍵要點或棘手問題。如果我更了解這種提問技巧與相關研究，我能透過訪談挖出更多故事。

搭橋型問題的目標很清楚具體——讓封閉的人敞開心房。你要做到下列幾點：

- **目標清楚。**清楚了解你想達成的目的，明白問題的本質。心中要有焦點與目標。
- **避免刺激。**別一開始就指控或質疑，這只會激起對方的防衛心理，而是要尋求對話，開啟溝通，一步一步來，把目標放遠。
- **提問取代質問。**從對方的不滿開始問起：怎麼了？哪裡不公平？然後再問理由與方案。
- **認同與肯定。**你不是要把對方推下懸崖，而是帶著對方遠遠的走過橋梁。你想知道答案、背景與洞見，所以該鼓勵討論，引導對方，肯定對方，給出稱許，尋找過橋的種種小方式。重點是讓對方多說話，但要有耐心，這也許得花上一點時間。

連殺人犯都對他侃侃而談

在這一章裡，我想向你介紹一位高手，他的經驗、洞見與工作有助我們明白如何攻克最不願開口的對象，如何向最難纏的對象提問。他的例子很極端，技巧卻很簡單。如果你想讓不願開口、藏有祕密或意圖不軌的人說出答案，這有多重要就可見一斑。

你的動機是什麼？

你在想什麼？

你很危險嗎？

貝瑞．斯伯戴克（Barry Spodak）是威脅評估專家，專門研究那些懷有最陰暗危險祕密的傢伙，知道如何和他們交談，建立一套讓他們把心打開的提問與搭橋技巧，設法問出想法與意圖，藉此決定他們是否「準備訴諸惡行」。雖然他的工作是涉及特異人物，這套方法卻能運用於日常生活。

貝瑞和我認識多年。他性情溫和客氣，不像會研究人心的黑暗，卻是負責訓練聯邦調查局幹員、特勤人員和聯邦警察，傳授如何探問潛在的連環殺手、恐怖分子或總統暗殺者，趁他們付諸實行之前。他有時會利用鬍子、刺青或耳環扮裝，化身白人至上主義者、中東軍火商、伊斯蘭極端分子或基督教極端分子，讓這些探員學生彷彿面對活生生的嫌犯，進行角色扮演的對話。他的扮裝技巧高超，連他最欣賞的好萊塢化妝師都嘖嘖稱奇。

在貝瑞看來，人人都是一個謎，有些人只是更複雜神祕，亟需處置。他一生對這種人相當著迷，一九七〇年代，他在華府讀研究所時赫然發覺能以此為業，尤其關注因精神異常獲判無罪的罪犯，還到當年在精神醫學領域首屈一指的聖伊莉莎白醫院實地研究。一個患者是經判斷會對自己或他人造成危險，才會關在精神病院，問題在於這種判斷並不容易，當年很少相關研究，心理醫師與執法人員難以建立一套威脅評估的標準。

貝瑞在聖伊莉莎白醫院會帶團體治療。有一天，一個新人加入他們團體，坐在外圍，觀看，聆聽，但絕少參與，顯得安靜壓抑，毫不具危險性，先前沒有心理疾病的就醫紀錄，但大家都知道駭人的事實：他曾試圖暗殺美國總統。

一九八一年三月三十日，雷根總統離開華盛頓特區的希爾頓飯店，走向他的車隊，約翰·欣克利（John Hinckley Jr.）以點二二左輪手槍連開六槍，第一顆子彈射進白宮新聞發言人詹姆士·布拉迪（James Brady）的頭部，第二顆子彈打中特區警官湯瑪·德拉漢提的後頸，第三顆子彈打中對街酒店的窗戶，白宮特勤局特工傑瑞·帕爾連忙把雷根總統推入轎車，這時第四顆子彈擊中了奮不顧身撲在總統身上作擋箭牌的蒂莫西·麥卡錫的腹部，第五顆子彈打中轎車玻璃，第六顆子彈反彈進車內並從左腋下穿入總統的身體，擊中肺部，離心臟僅二．五公分，總統差點死於之後的葡萄球菌感染。

在治療時，欣克利絕少開口，偶爾提到院中生活、其他病患或醫護人員。貝瑞記得欣克利似乎很怕其他病患，起先不太跟他們說話。不過貝瑞試著讓他把心打開。

他在想什麼？

他能讓人接近嗎？

在移到旁邊做一對一對談時，欣克利說出一點話，稍微把心打開一點。貝瑞說：「在團體治療結束後，欣克利會跟我聊一聊。他覺得我們年紀相仿，所以不會怕我。」原因不難理解。貝瑞說話輕聲細語，悅耳動聽，雙眼看著對方。藉由這些特質，他慢慢和這一位差點殺掉總統的年輕人建立起關係。

「我能跟他坐在醫院大樓外頭，稍微了解他的過往，比較明白他是怎麼一步步犯下那起案子。」基於尊重欣克利的隱私，貝瑞沒有向我透露細節，但他學到提問時要抱持尊重與慎重，傾聽時要設身處地，則連暗殺總統的凶手都可能侃侃而談。

「尊重權利」問法讓人放下戒備

這些年來，貝瑞對人心的難題益發感興趣，建立跟潛在刺殺者、恐怖分子、校園槍擊犯和不滿職員的對話與提問標準，成為威脅評估專家。他的方法相當主動，目標明確，像是取得情報，決定他們是否有意採取不法行動，防範於未然。他教學員如何提問、回應與傾聽。

值得留意的，貝瑞這一套並不涉及你在電影上看到的好警察與壞警察做法，由一個警察扮黑臉，另一個警察扮白臉。他不是採用在面前大吼等威嚇方式讓人開口，也不像美軍在阿富汗和伊朗採取「強化訊問手段」，設法擊潰對方的精神，逼迫對方坦承。

貝瑞教的是「尊重權利」問法，而多數專家認為如果想讓懷抱敵意的人把心打開，這是最有效的方法。他的目標是消除警戒，降低對方的防衛心理。他的提問旨在促成對話，時常中斷亦無妨，但逐漸建立信任與互動，連最沉默的人都吐出情報。

這不只適用於貝瑞面對的特殊人物，也適用於一般人，例如：你的家人、朋友或同事。某人藏著祕密，某人藏著陰謀，某人不把你需要知道的事情說出來。如果你能適當搭橋，就能讓他們多開口，了解他們的意向。第一步是降低雙方的緊繃。

貝瑞遵循諾貝爾獎得主丹尼爾．康納曼（Daniel Kahneman）的一套理論。康納曼是心理學大師，認為人腦有兩個系統，**系統一**（System One）像是低速檔，負責做出容易的決定，提出簡便的答案，可以視為大腦的自動駕駛系統。如果你處在熟悉的環境，面對熟悉的問題，系統一會發揮作用。比方說，如果別人問你二加二等於多少，你會自動說出「四」，輕輕鬆鬆，完全不費吹灰之力。康納曼稱系統一為認知放鬆（cognitive ease），我們在這狀態下感到舒服放鬆，事物都在掌控之中。你可以聊天氣或衣著，甚至送上咖啡，讓對方進入系統一的狀態。咖啡如同一個溫暖熟悉的姿勢，帶來安心放鬆。

系統二（System Two）則使大腦飛速運轉，努力工作，消耗更多氧氣，是對陌生、複雜、困難或危險事物的反應。當你碰到數學難題或爭執場面，也許就會進入系統二的狀態，停下來，忙著做出反應。

處於系統二的大腦相當戒備。陌生或敵意的環境會讓大腦進入這狀態，我們開始留意自己說出的一字一句：四百三十五除以九是多少？是你拿了我的琴酒？

如果十幾歲的兒子認為你在指責或評判他，他可能會處於系統二的狀態；如果主管嚴詞批評你的表現，你可能會處於系統二的狀態；每個嫌犯在接受訊問時，都是處於系統二的狀態。

貝瑞教探員如何盡量讓訊問對象處於系統一的低速檔，首先從容易回答的問題問起，即使無關緊要也無妨，例如：問普通的共同經驗或人生往事。

假設探員在調查時注意到一位名叫約瑟的男子，決定前去拜訪，但並不代表約瑟是嫌犯，他只是可能握有情報。當探員走進約瑟家的客廳，看到牆上掛著一幅畫。

畫得真好，是誰畫的？

探員不是去那裡查名畫竊案，這提問只是用來破冰，甚至恭維。約瑟談起那幅畫，面對熟悉的議題。探員專心聆聽，要是發現約瑟敞開心房，就再問些有關那幅畫的事情，營造幾分鐘的輕鬆對話，讓約瑟的大腦重回認知放鬆狀態。

我們不是聯邦探員，但也會有意無意地在平時對話用上這個方法，設法破冰，介紹自己，建立關係，靠有趣閒聊活絡氣氛。

想像你是保險公司的主管，你的下屬安娜來辦公室找你進行年度評量。先前幾個員工說她會在別人背後說長道短，你想藉機請她別再私下說閒話，但你需要知道她心裡在想什麼，了解背後是否有更深的問題。現在你面前的她很有防備，但你回想到她換了新電腦，於是問她：

新電腦好用嗎？

「速度很快，不會當機。而且換得正是時候，舊電腦早該更新了。」她講得不算多，但至少你讓她開口了。

「很好。妳喜歡那電腦的觸控螢幕嗎？」你看到安娜的肩膀放鬆下來，不再戒備。她並不想來見你，但至少你知道了她喜歡新電腦。

妳怎麼會選那款電腦？

你日理萬機，需要儘快和安娜談說閒話的議題，但貝瑞會建議你別心急，先別單刀直入，讓安娜切換為系統二，而是再多聊一聊電腦的事情。

這問題意在激發另一種答案。「怎麼」型問題是在問解釋和背景，鼓勵對方講出一件事。貝瑞告訴學員，人腦生來是處理故事。我們藉故事學習，藉故事記憶，以故事形式處理經驗與往事。原始洞穴裡的壁畫是故事，《聖經》、《可蘭經》和猶太典籍是故事，哄小孩睡覺是靠床邊故事，不在場證明和認罪都是故事。

所以如果貝瑞是安娜的主管，他會針對電腦的問題繼續問她：

大部分人都是選那款電腦嗎？那一款很熱門？

他認真傾聽，留意對話當中是否有切入正題的「機會」。她可能會說沒錯，大部分人都選那款電腦，她是經過全盤研究後才下了決定。就像她工作也是這樣，勤奮認真，周延全面。這是切入正題的好時機。

「我用電腦的方法跟別人不同，所以工作更有效率。」她說：「效率勝過用另一款電腦的資深同事高爾。」

貝瑞解釋說，安娜正在「區隔」自己。當安娜提起資深同事高爾，精明的提問者可以由這裡趁機切入。

是喔？高爾是怎麼樣？

安娜或許開始說高爾最近怎麼處理某個案子，其他同事怎麼牽涉其中，發生了什麼事情。她侃侃而談，切入的機會愈來愈多。

提問者必須專注傾聽，才能抓住機會切入，順水推舟，讓話題往想要的方向進行。切入機會可以是一個觀察或抱怨，可以是一絲怒氣或懊悔，你該妥善利用。本質上，你像是在下一場問答的西洋棋，聽取答案，構思問題，預先思索好幾步棋。你問得很有策略，知道你所希望的對話走向，但要讓對手在前頭走過去。你問得如何，取決於對方答得如何。

使用肯定與認同，取得信任感

為了讓對方在預定方向上侃侃而談並處於「系統一」，貝瑞會三不五時運用「微小肯定」（micro-affirmation）。他聽到相關事情或想深入了解時，會以幾乎察覺不到的動作、姿勢或聲音表現出興趣，也許身子往前傾，也許微微點頭，也許發出很輕的「嗯嗯」，這類微小肯定反應投入與同理，能鼓勵對方再說下去，但不造成打擾或分心。貝瑞說：「我們會記得一件事，那就是生氣的人找不太到別人聽他們說話。」當你願意傾聽，如同歡迎別人宣洩。

當對話變得放鬆，貝瑞也給出回饋或簡短的認同，例如：跟對方說：「真有意思」、「我沒這樣想過」或「你說得對」。根據神經科學研究與個人實務經驗，貝瑞認為當你給別人一樣東西，別人也會給你一樣東西：「我試著給一點口頭上的回饋，讓他們覺得我確實欣賞他們的才智，認同他們的看法，或者看他們想聽到什麼我就滿足他們，像是給獎品一樣。」

沒有問號的問句

這本書全在談提問，但如我們所見，有些問題不以問號作結反而最好。

多跟我說一點。

跟我解釋一下。

這種句號的問題屬於開放式提問，讓對方停頓、思考，並說出更多細節，我視為沒有問號的問句。既是提問，亦非提問。這類問題表現出興趣，如果加上語氣適當，輔以開放式肢體語言，則能傳達認可與同意，這在貝瑞看來非常重要，有助降低防衛心理與帶來認知放鬆。沒有問號的問句比較不咄咄逼人，不像在盤問對方。

我在自己的訪談上發現，這技巧讓對方換口氣，從一般問答模式中休息一下。我把筆放下，身體前傾，動著眉毛表現出明顯感興趣的樣子。這是我用來表現聽得入迷的方式，讓受訪者知道我不只是個好聽眾，還聽得全神貫注。並利用肯定句鼓勵對方。

繼續。

非常棒。

好讚。

貝瑞教學員盡量把疑問句轉為陳述句。這技巧鼓勵對話，尤其在對方試圖隱瞞的時候。他舉一個實際例子，聯邦政府曾攔截了許多封雜亂無章的冗長電子郵件，寄件者自稱叫盧卡斯，在信裡對政府大力抨擊，連聲抱怨，還以近乎明目張膽的字句威脅總統。探員追蹤到盧卡斯，找他查問，而他氣急敗壞，不願配合。雖然他沒有犯罪紀錄，但從在社群媒體的發言來看，卻像是反政府的孤狼分子。

貝瑞不會一開口就問：「為什麼你要寄那些威脅總統的信？」也不會問：「你打算幹掉總統？」這種問法只會讓他守口如瓶；反之，貝瑞用上沒有問號的問句：

看來總統的某些做法讓你很不滿。

盧卡斯一聽，坐直身子說：「不滿？你在說笑嗎？我當然不滿……超級不滿。」貝瑞認真傾聽，想讓盧卡斯覺得他說的話有被聽見。如同人質談判專家，貝瑞想讓對話繼續下去，思緒走在前頭，朝問題接近，聚焦在盧卡斯的困擾，提出另一個沒有問號的問句：

很多人都同意你這看法。（停頓）講給我聽看看。

「當然很多人都同意我這看法，大家很不爽啊！那傢伙在毀掉這個國家，我跟你說他錯在哪裡……」現在盧卡斯會講得滔滔不絕了。

生氣的人可能自認看見別人沒看見的事情，知道別人不知道的事情。貝瑞說：「很多人都同意你這看法」，讓盧卡斯感覺得到認同。這句話不是贊同盧卡斯的論點，而是點出有別人跟他所見略同。貝瑞避免露出否定或反對，而是讓對話「變得平凡」，展現出對盧卡斯的理解，甚至暗示他們可能站在同一陣線。

我希望你不會遇到盧卡斯這種人，但只要你遇到有人不太願意回話，「沒有問號的問句」幾乎都能派上用場，展現出認同，暗示你願意傾聽，讓對方願意多談，進而得到更多切入正題的「機會」。

用關鍵字回問

我還會用另一個絕對有問號的肯定技巧，稱為「回聲問題」（echo questions）。這招既清楚又有效，在各種訪談都派得上用場，幾乎總能讓受訪者談得更熱烈與深入。回聲問題同屬甚具效果的搭橋型問題，用對方自己的話加以強調，引出後續回應，只是我會加上契合情緒的抑揚頓挫，如同情、驚訝或幽默等。

亨利說：「他們這樣對待我，讓我好想大叫。」

你問出回聲問題：「大叫？」

麗塔說：「我不知道為什麼我會試下去，他們那麼無能。」

你說：「無能？」

通常這種一個字詞的回聲問題會讓對方做出更多說明與解釋。

你六歲的兒子下課回家，帶著一張老師寫的字條，上面說他在午餐時間偷了同學的香蕉。你問他這是怎麼一回事。

「吃午餐那時候真的很吵，凱蒂又很討厭，所以我拿走她的香蕉。」

「拿走？」

「對，是拿走。我沒有偷走，只是拿走而已。她在講我的壞話，讓我覺得很討厭。」

六歲孩子的世界很單純。現在你能機會教育，說明我們不會從別人的餐盤「拿走」東西，就算很氣對方也一樣。

貝瑞把這個技巧納入他所傳授的「反射傾聽」，教學員一定要非常投入於對話，以便及時捕捉這類時機。這對威脅評估的助益甚大。

回到「盧卡斯」寄信威脅總統的例子。他在信裡提到「總統在毀掉這個國家」，在接受問話時再次說出口，於是一位機敏的探員對他提出回聲問題：

「毀掉這個國家？」

「沒錯，毀掉這個國家！他讓不對的人進到政府，偷走我們的錢財，奪走我們的自由。我們該做點什麼！」

「你一定覺得很苦悶。那你覺得我們該做點什麼？」

用問題認同盧卡斯心中的重擔，然後重提他最後面的觀點。由於探員得決定盧卡斯是否會訴諸非法行動，這個提問可能會是對話的關鍵轉折，盧卡斯也許說出他認為該怎麼做、別人是否也這樣想，甚至他是否準備親自採取行動。

回聲問題與反射傾聽是善用你聽到的字詞，引出背後的想法，如同問話過程的標點符號，標記某個時刻或想法，加以強調，獲取更多細節與討論。

再難搞的人都能搭起橋梁

當對方處於認知放鬆，覺得有肯聽的聽眾，則搭橋型問題最能發揮功用。你可以把剛聽到的字詞轉為問題（有無問號都行），尋找切入的機會，對牽強無理的觀點小心予以肯定，藉此搭起橋梁，憑一個個問題逐步搭成，心裡知道這過程得花時間，並非一蹴可幾，唯恐遭遇挫敗，但仍得繼續小心應戰。

第5章

衝突型提問

向對方究責，揭發真相，留下紀錄

ask more

有時你無法搭橋，無意同理，無心互信，只是想得到答案。你必須採強硬手段，緊盯對方雙眼，問他們知道什麼，問他們是哪時知道，問他們先前的行為、言論或意圖，問得單刀直入，想得到清楚的回答，確定對方的角色、責任、共犯或罪行，釐清責任歸屬。

很多時候人得面臨衝突與負起責任。我們希望孩子學到責任，了解分際，知道行為的後果；我們希望政治人物要負責，值得公眾信任；我們希望企業要負責，別只賺錢至上；我們有時發現壞事、惡行、偽善或無能，希望別人要負責，例如：也許你懷疑某個同事在報假帳，懷疑警官對偷收錢的警員睜一隻眼閉一隻眼，懷疑某個親戚暗地挪用蘇菲姑姑的退休帳戶，懷疑另一半有可疑舉動。

這是你的筆跡嗎？

當時你留意到這件事嗎？

衝突型問題和究責型問題把事情搬在檯面上講，想釐清事實。你提出不滿，說出指控，點出恰當的行為規範。究責型問題可能是公開提出，可能是私下提出，可能完全攤給眾人看，可能唯有枕邊人知道。這類問題實屬必要，但有風險，背後原則即反應這一點。你最好的做法如下：

- **知道目標**。設定目標，堅守到底。你是要對方承認、同意、後悔、自責或認罪？依照心中的目標，設定問題的方向，對可能碰到的困難預作準備。
- **掌握事實**。如果你要對別人提出指控，先得清楚掌握事實與資訊，確保內容完整與準確。這是問對問題、預測回答與避免愚蠢錯誤的關鍵。
- **精準提問**。問題準確，回答才會準確。你要直接提問，思考問法，專注傾聽，如果對方沒有直接作答就再問一遍。
- **全情投入**。如果你要上陣殺敵，別只像個收錢辦事的傭兵，而是要熱情投入，這樣你的提問才會強而有力，一針見血。在提問時訴諸道德站在高位。

- **預期負面。**你得預期會碰到防衛、閃躲或衝突型回應。人不喜歡被責罵，往往不肯認錯，反倒忽略問題，東躲西閃，甚至反唇相譏，所以你要準備好硬碰硬，展開進一步攻勢。

你得善用這些提問原則，方能在激烈衝突中取勝，擊敗強勁對手。你會在許多層面受到考驗。

逼問需用事實做後盾

在乎問題能帶來使命，掌握事實能帶來威嚴，專注傾聽能帶來機會。如果你即將面對市長或當地惡霸，你需要使命的勇氣與事實的力量，並讓時間助你一臂之力。

CNN知名主播安德森・庫柏擅長這所有技巧。他平時和藹可親，但在質問別人的不當言行時相當強悍堅定，不屈不撓。某日我們在他家碰面，暢談這類提問。他家位於下曼哈頓，由舊消防局改建，屋裡擺著骨董與珍品，包括他從名門望族范德堡家族繼承的寶貴收藏，尤以客廳裡那隻約二百五十公分高的黑熊最令我嘖嘖稱奇，四周既散發舊昔皇家氛圍，又透著時髦都市氣息。我們聊起提問、傾聽與衝突的技巧，一旁是家族先祖康莫多．范德堡（Commodore Vanderbilt）威風凜凜的畫像，百餘年前這個人靠著鐵路與船運打造企業帝國。

庫柏和我在CNN的時間略有重疊，他的才智、學識與誠懇一向令我折服。基於工作需要，他親臨全球各地的重大災害現場，走訪非洲慘如地獄的茅草泥屋避難營，參與精心安排的美國總統辯論大會，造訪世上最美麗的勝景。他天生極富同理心。根據他對我所說的，他盡量「全力接收」所聽到的每句話，若對方陷入沉默就好好尊重，還靠練習正念冥想以達到「臨在當下」。

他是靠後天學得向人究責的技巧，坦承說：「我不是天生擅長面對衝突。」他認為政府官員很少會完全負起責任，所以每當他發現手上事實是一回事，官員的作為或說詞卻是截然不同的另一回事，他會覺得有必要公然質疑。

他不喜歡出於意見或態度的衝突型訪談，對我表示：「我覺得那樣不直截了當，終究令人不甚滿意。不過如果你手上的事實跟訪談對象所說的不同或矛盾，你就把事實攤給他們看，以他們所說的話打臉回去——這些是我現在樂在其中的訪談，而且很重要。

這類訪談很困難，有賴許多準備，而且你得有事實做後盾。」庫柏的訪談技巧就是這樣日漸精進。

「我以前會犯一個錯，那就是以為每件事都得講到。現在我明白衝突型訪談只需要聚焦在一或兩個重點就好。」他明白時間在逐漸流逝，對手在計算分秒。「訪談對象時常會仗著時間限制，等你最後選擇放棄，繼續下一個話題。不過如果你不肯換下一個話題，而是反覆一直追問同樣的問題，不讓他們閃躲，那麼他們會展現出別的層面。」

衝突型提問時常有賴堅定打斷與反覆追問，盡量讓對手難以改變話題、閃躲問題或拖光時間。

二〇〇五年，在卡崔娜風災之後，庫柏在災區做了一段明顯的衝突型訪談。當時他已經在災區待上數日，目睹滔滔洪水，和一般民眾、救災人員與政府官員談過，那一天和聯邦緊急事務管理署的救難小隊一起行動，進入一間淹水的民宅，發現屍體仍躺在客廳，讓他想起先前在索馬利亞、盧安達和賽拉耶佛所見任憑腐爛的屍首，但這裡是美國，是他的家園。

怎麼會發生這種事？

誰該負責？

他和路易斯安那州參議員瑪莉・蘭德魯（Mary Landrieu）進行訪談時，強烈意識到周遭的聲音，蒼蠅嗡嗡振翅，塑膠板隨風拍響，一個個代表忽視、無力與漫長折磨的聲響，於是他單刀直入的問蘭德魯：

> 聯邦政府該為這裡的事情負責嗎？
> 他們該為這裡的事情道歉嗎？

但蘭德魯閃躲問題。

她說有「許多時間」能討論「各種預防與因應方式」，人人明白災情嚴重無比，而她要感謝總統、軍方、救災人員、來勘災的政壇領袖與其他參議員，雖然庫柏也許還沒得知消息，但參議院已經通過要追加一百億美元的緊急救濟金。

她滔滔不絕講了將近一分鐘，庫柏忽然打斷她。

「參議員，抱歉打斷妳。過去四天裡，我在街頭看到一具具屍體，聽到政治人物互相感謝與恭維。我得跟妳說，這裡有非常多民眾很難過、很憤怒、很沮喪，而當他們聽到政治人物互相感謝，當下真是心頭被劃了一刀——真的，昨天這裡才有一名死者的屍首被老鼠啃食，因為她在街頭躺了四十八個小時，卻沒有足夠的設施能安頓她。」接著他問：「妳感受到這裡的憤怒了嗎？」

蘭德魯的聲音矯揉造作，像是照本宣科：「安德森，我自己心裡也很憤怒……」

我繼續追問：「妳憤怒的對象是？」

「我不是在氣任何人……」

蘭德魯從不直接說出誰該為紐奧良這裡的慘況負責。

庫柏跟我說：「在那種地方，所有狗屁都被揭開，像是皮肉被扯掉，一切都血淋淋與赤裸裸。那時我就是很氣憤……事情就是出錯了，很不恰當。」他想聽到一個答案，卻只換來閃躲與藉口。

庫柏結合第一線觀察與義憤，質問誰該為此負責，蘭德魯的回答卻無比官腔，只強調政府在危機時刻的束手無策。蘭德魯的說詞使自己蒙羞，庫柏的質問展現出高度。庫柏的問法反應衝突型提問的一大要點：不屈不撓。當蘭德魯岔開話題不願正面回答，他直接打斷她，重問一遍問題，以義憤強調這個質問的道德正當性，最終蘭德魯仍在說空話，但世人統統看在眼裡。

沒有答案的提問

即使有廣泛認知、充足準備與個人投入，衝突型問題仍可能出岔子。我在訪問一位國際上極富爭議與魅力的領袖人物時，痛切地學到這一點。

那是我所做過一次極為古怪的訪談。我在華府「主持」著名的外交關係委員會，面對現場觀眾與全球媒體，任務是向巴勒斯坦解放組織領袖亞西爾・阿拉法特（Yasser Arafat）提出幾個問題，然後進入觀眾問答階段。有些人仍認為他是恐怖分子，有些人則認為他是自由鬥士，這任務殊非易事。

當時中東重新陷入動盪，另一場巴勒斯坦人的暴動燃起戰火。全球目睹這地區無止無盡的衝突與痛苦，這一回的抗爭者大多是年輕人，甚至是小孩，靠石塊與彈弓對抗裝備精良的以色列部隊。在最令人難過的一段影片中，十二歲男孩穆罕默德・阿爾杜拉

（Muhammad al-Durrah）與父親躲在鐵桶後方，父親以空空的雙手想保護他，他卻不幸中彈死在父親懷中。

外界對兩方大感憤怒，呼籲阿拉法特應要求巴勒斯坦兒童別上街頭，設法遠離紛爭，但阿拉法特並未出聲。以色列各領袖等指控他其實希望傷亡數字上升，更多怵目驚心的影像流出，藉此爭取全球的支持，向以色列施壓。

為什麼他保持沉默？

為什麼他不保護自己的孩子？

他怎麼回應來自全球的批評？

我想向阿拉法特問這些孩童的事情。他們如此年幼，不該慘死街頭，不該淪為政治宣傳的工具。阿拉法特有必要回應這些對他的指控。

我知道他會為這些指控發火，先前花許多時間打給清楚阿拉法特與中東的專家，想了解怎樣提問才能得到答案，他們跟我說要認同他的地位、迎合他的自我、強調他的影響力，喚起父親在兒子遭遇危險時的保護直覺，而且有鑑於中東地區糾纏不清的歷史，我的提問該往前看，別往後看，訴諸他對天命的想像。這些建議全言之有理，卻毫不管用。

我們坐在前頭的講臺上，講臺小到只夠擺兩張綠扶手椅與一張咖啡桌，桌上擺著兩個玻璃杯和一瓶水。阿拉法特戴著招牌的格子花紋阿拉伯頭巾，往下垂至將近腰部。現場擠得水洩不通，《今日美國報》（*USA Today*）形容現場人士是「美國外交政策體系中的佼佼者」。

我首先問些容易的問題，像是阿拉法特當天和柯林頓總統的會面、以巴當地的狀況，以及跟以色列重啟協商的展望。就在觀眾提問開始之前，我把話鋒轉到孩童問題，遵照先前的建議，稱呼阿拉法特為巴勒斯坦人民「長年的領袖」，指出他具備非凡的影響力，在美國與中東的「許多人」說他有「機會」採取行動，他可以運用影響力替孩子帶來更好的未來，方法是呼籲民眾「撤退……」我還沒提出整個問題，他就硬生生把我打斷。

「難道我們是牲畜嗎？」他朝我大吼。

我繼續說下去，想讓他回答這問題。「具體來說，那些孩子……」

他猛然起身，搖著指頭：「你要我把人民當成牲畜看待？」

我堅定的說：「阿拉法特先生，我只是要問……」

我翹起二郎腿，伸到咖啡桌和我們之間的位置，擋住他最明顯的離去方向。在長如永恆的幾秒鐘之後，他重新坐下怒目瞪我。我們繼續。

這是格外古怪的時刻，我既要咄咄逼人的質問，又得和顏悅色地主持。阿拉法特是外交關係委員會的「貴賓」，這場活動理應莊重得體，但有關孩童的問題必須要問，問得理直氣壯。我該逼問得更緊，別那麼擔心是否失禮，但又不想太觸怒他。現在觀眾提問的時間到了。

沒想到一位觀眾替我把問題問下去。他來自美國以色列公共事務委員會這個親以色列的遊說團體，重新提出我的問題，用上一個相當有效的衝突型問題技巧——援引超然的第三方。這個技巧把質問的重擔從自己身上移開，轉移到具有專業、地位或道德高度的第三方。他選的第三方是瑞典女王，她公開評論過這次巴勒斯坦以兒童參與抗爭的手段。先前她說：「身為一個母親，我對這件事甚感擔憂……孩童不該涉入其中。」

觀眾：「主席先生好，瑞典女王公開譴責巴勒斯坦不應利用孩子來對抗以色列，針對這個您怎麼評論？」

阿拉法特：「利用孩子？」

觀眾：「我說瑞典女王公開譴責巴勒斯坦在對抗以色列時不應利用孩子。」

阿拉法特：「利用孩子？我無法接受這種評論。我沒有利用我們的孩子。我們非常努力在為未來奮鬥……你是反對這個嗎？（停頓）美國以色列公共事務委員會該有人出來為殺害這些巴勒斯坦兒童道歉，這才是該做的。」

無論是由我或觀眾提出這個問題，阿拉法特都無意正面回答，但這樣提問有一個重要作用：讓全世界當場看到他的態度並錄影留存。支持陣營會認為他的怒火是一種反抗，敵對陣營會認為他的怒火是一種鬧氣。現在我仍認為這樣交鋒很重要，衝突型問題發揮作用，替歷史留下紀錄。

這次交鋒也反應無論你事先有再周全的準備，無論「超然第三方」有多崇高，對方仍可能防衛與發火。咆哮、閃躲或唱高調都是可能的反應。你要先想好控制局面的計畫，別只是把腳高高翹起來，希望對方不會衝出現場。有時你不能只擔心要有禮。

衝突場面也是一種回應

敵意的手段會升高風險，義憤的問法會迅速帶來敵人。新聞主播豪赫．拉莫斯對此毫無困難，本意就不是在交朋友。

拉莫斯是美國極知名的拉丁裔人士，在環球電視臺這個西班牙語媒體擔任主播，位高權重，恪守原則，有拉丁裔的華特．克朗凱（Walter Cronkite）之稱（按：克朗凱是美國知名主播，被譽為「最值得信賴的美國人」）。只是拉莫斯在推特有超過一百萬名跟隨者，以克朗凱意想不到的方式跟全球元首面對面訪談。他看重究責，對衝突式訪談在所不惜，曾被打、受迫或被轟走，但仍認為負責是民主、透明與守法的基石。

「我有一種使命感。」拉莫斯告訴我：「我們所肩負最大的社會責任是勇於迎戰當權人士，這樣才能為我們的國家與世界帶來權力的平衡。」

拉莫斯很清楚這種衝突型作風會激怒受訪者，拉開彼此的距離，當對方是當權者尤其如此，但他說：「我一向假定我從此不會再跟對方說話了。」

然而連拉莫斯都對一件事很訝異：他質問億萬富豪川普這位最不可能的總統候選人，卻被川普當著全場記者的面前轟出去。那時川普在民調上領先，可能獲共和黨提名參選總統，但拉莫斯認定川普對移民問題的立場堪稱偏執、粗略與薄弱，準備向他提出尖刻的問題。

川普說墨西哥人「帶來毒品，帶來犯罪，而且是強暴犯，大概只有一些是好人」，這番言論引起媒體的廣泛報導。他說要沿美墨邊界築牆，承諾在當選後遣返一千一百萬名非法移民，至於非法移民在美國生下的後代不該算是美國公民，雖然憲法說凡是生在美國就是美國公民。拉莫斯年輕時從墨西哥移民美國，覺得這些言論是在侮辱人，很想當面質疑川普。

在愛荷華州迪比克市一場爆滿的記者會上，拉莫斯站了起來。

「我有一個關於移民的問題……」這是他唯一有機會說出來的。

「你沒被點到。坐下。」川普厲聲說。

拉莫斯不肯退讓。

川普轉身點別人發問，但拉莫斯緊咬不放。

「我是記者，是移民，是美國公民。」拉莫斯說：「我有權提問。」

川普以手勢叫一位魁梧的安全人員把拉莫斯帶出場外。

拉莫斯大聲抗議：「別碰我，先生，你不能碰我，我有權提問。」

多年來他質問過不少拉美獨裁者，但未被趕出記者會。幾分鐘後，在其他記者的反彈下，川普改變心意並讓拉莫斯返回現場。

「很高興你能回來。」川普板著臉說。

「你的移民政策就是有這問題。」拉莫斯說：「完全是空頭支票。你無法遣返一千一百萬個非法移民，無法否認他們子女的公民身分……」

「不是這樣。」川普打斷了他。

接著他強調「國會的一紙法案」就能改變非法移民子女就地取得公民身分的現況。

拉莫斯換另外一招，高聲質疑川普：「你要怎麼興建超過三千多公里的美墨長城？」

「那簡單。我很會蓋東西。」川普輕蔑地說。

這局面持續將近五分鐘。拉莫斯不斷駁斥與質問，川普不斷閃躲。

事後回顧，拉莫斯認為他被趕出去的原因，在於川普對他認為其政策是「空頭支票」的基本前提感到不安，又對拉莫斯貿然站起來的決定大為光火。但**誇張行為往往是衝突型提問的**一環。

「我們身為記者，該做兩件事情。」拉莫斯對我解釋：「第一，要站起來。如果你坐著提問，權力完全不對等。第二，我們知道我只有幾秒鐘能問問題，但我刻意決定要打破砂鍋問到底，不管他會怎麼做。」

拉莫斯認為那個衝突場面很值得。他表明自身看法，並且讓這議題留下影像，公諸世人眼前。

「我善盡記者之責，而觀眾，尤其是拉丁裔觀眾，能清楚知道川普到底是怎樣一位參選人。」拉莫斯說：「很大的啟示是別停下來不問。如果我在愛荷華州迪比克市的那場記者會乖乖坐著，那麼我就失敗了。可是我沒有坐著，沒有離開，沒有閉嘴。」

提問是對抗權勢的武器

拉莫斯的衝突型作風深植於過往經歷與年少時期。他的父親如同暴君，幾乎不讓他表達意見，對他將來的路抱持固執期望——該當工程師、建築師、醫師或律師。然而年輕的拉莫斯對這些職業興趣缺缺，更認為他讀的天主教學校把他約束得喘不過氣來，家裡時常衝突連連。

「在成長階段，我學著對抗我的世界裡最有權力的那個人，也就是我爸。」他說。在學校，拉莫斯對抗另一個父親，那就是神父。所有學生都必須向那位神父告解，被他管教，時常是嚴厲的體罰。拉莫斯看出這是對權力不可思議的濫用。

為什麼你要這樣做？

這哪裡道德了？

拉莫斯當面質疑神父：「一個老先生不該這樣打小孩子。」

拉莫斯長大後，愈來愈清楚意識到另一種權力的濫用：國內腐敗的政治。他再次覺得有責任提出質疑與追究責任，卻也再次面臨一個自認不應受到質疑的文化，一個自認絕對不必理會年輕記者的文化。他初入職場，在墨西哥的電視臺當記者，跟上級與審查員起衝突，難以照自己的意思報導。二十四歲時，他搬到洛杉磯，在加州大學洛杉磯分校攻讀傳播，在美國展開職涯。從那時候，他就勇於提出各種問題，問古巴領導人卡斯楚為何古巴沒有民主，問委內瑞拉強人烏戈・查維茲（Hugo Chavez）為何濫用權勢與違背承諾，問墨西哥前總統卡洛斯・沙利納斯（Carlos Salinas）是否策劃對政敵的暗殺行動，問哥倫比亞總統埃內斯托・桑柏（Ernesto Samper）如何回應外界說他向毒梟收賄的指控。

拉莫斯沒交到多少朋友。某次他返回辦公室，赫然發現一份毛骨悚然的禮物——葬禮的花圈。先前他才剛收到死亡威脅。然而拉莫斯至今依然想讓當權者感受到怒火，直接質疑他們為何違背承諾、為何言行不一、為何公然扯謊。

拉莫斯說衝突型提問一定有賴力量：「提問可以是武器。如果你要質疑當權者，就得有點凶悍。」你一定得勇於捍衛自身信念，放下對人氣的顧慮。「我每次訪談都抱持兩個假定：第一，我不問就沒人會問了；第二，我向來認為這是最後一次交鋒。」

拉莫斯認為我們該更勇於究責，在生活的各層各面皆是如此：「我們都有權利與責任，去挑戰並質疑有權的人。」

觀眾會有幫助

你不必上電視就能有效究責。如果你有可靠事實、清楚目標與足夠義憤，你就能發揮影響力，了解平臺與觀眾尤其有益。激發群情是發揮力量與有效質疑的絕佳方法。

湯瑪斯·威爾遜（Thomas Wilson）的質問就強而有力，但重點是身旁觀眾使他的聲音不容忽視。威爾遜是田納西州國民兵的一員，在伊拉克服役期間眼看許多美國士兵死於土製炸彈，只因悍馬車等車輛抵擋不了炸彈的威力。在《紐約時報》稱為「在當地為伊拉克部隊所辦的士氣提振大會」上，威爾遜舉手向國防部長唐納·倫斯斐提出兩個正中紅心的問題。

「為什麼我們這些士兵要為一些破銅爛鐵冒險搜找地方掩埋場，車子還無法裝防彈玻璃？為什麼我們不是原本就有這些裝備？」

「冷靜，冷靜。」倫斯斐對眾人說：「天啊，我只是個老傢伙，現在才一大清早，我還真一時答不出來。」

然而現場掌聲雷動，因為威爾遜問出在場所有人的疑問，並見倫斯斐被問得措手不及，難得答不出話。

《紐約時報》指出：「士兵敢這樣直接質問倫斯斐實在很少見。」不過威爾遜問得很精準尖刻，很有腦袋，激起對配備不良車輛的關注，增加對解決問題的壓力。他的平臺（科威特的部隊集會）很有力，他的群體很有力，他激起全場的情緒，清楚描繪出問題，點出當中的背離道義，指出這不啻為背叛實際上場奮鬥與犧牲的弟兄。而且這不是演講，是提問。

五角大廈感到他們的怒火，努力提升車輛所需的裝備。

無論是在部隊集會或員工會議，正面質疑掌權者皆非易事，但身旁眾人能成為你的靠山，你提的問題成為大家的問題，在眾人齊心下更敢發聲，在群情激憤下更難忽視。如果你做好準備，敢於承受壓力，把問法妥善想好，有辦法準確傳達問題與提出質疑，那麼你能占據高位，要求一個答案。

用是非題讓人無路可逃

情況、個性與質問情境五花八門，但無論你是要質疑食言而肥的政客，是要質疑考試作弊的學生，是要質疑浮報開銷的員工，你都得有面臨閃躲或衝突的心理準備。

衝突型提問要有效，你得傾聽得相當專注，不容妥協。厲害的律師在法庭上是這樣，出色的主播在鏡頭前是這樣。他們留意對方的語調，在猶豫時出招，不容對方拖延時間或自我吹噓，時時聚焦關鍵議題。

先前我談到許多開放式問題，說明如何讓對方隨心所欲的想講什麼就講。究責型逼問不然，你想扣緊主題，逮住對方，不容他們顧左右而言他、推託閃躲、模糊焦點或轉移話題。只容許一、兩個字回答的問題，亦即是非題，通常是挖出真相的最有效問法。

你昨天遲到了，這樣對嗎？

你知道會遲到時有打電話嗎？

你想過遲到的後果嗎？

我想探討律師如何運用這種問話策略，所以打給知名保守派律師泰德．奧森（Ted Olson）。奧森當過美國司法部副部長，在最高法院參與三十餘個案子，包括二〇〇〇年總統大選小布希與高爾知名的計票爭議案，我正是從那案子知道他的。二〇〇九年，奧森令許多保守派與自由派大吃一驚，在那個最高法院尚未裁定全美同性婚姻合法化的年代，他選擇接受委託，設法推翻加州禁止同婚的第八號提案。

奧森說律師喜歡是非題，藉此畫下明確的界線，讓回答能針對具體行動或時間，可以幾乎完全掌控證人與證詞。

「基本上，你想把證人局限在電影上那種小小的峽谷裡。」奧森跟我在華府市中心用餐時說。律師出庭的優勢在於研究過物證，思索過案情，查問過證人，能預期證人會說的話。

「問出你早就知道答案的問題很好，這麼做很重要。」奧森說：「還有讓人覺得你們是在對話，讓人對目前的節奏感到舒服，然後再把話題帶到他們可能並未預期的地方。」

> 你在八月十三日刊出的文章裡是否寫了這幾個字……？
> 你寫下時是否相信這幾個字的內容？
> 現在你還相信嗎？

「這種問法的好處是證人留下了紀錄，明確的紀錄。」奧森說：「在法庭上，你不會想問很多開放式問題，免得證人不受限制的東講西講，也許講了出人意料的話，害到你這案子。你不會想讓證人有機會侃侃而談。」

奧森說法官也許仍會給證人解釋的機會，畢竟「人生裡多數事情的答案並非是與否」，但律師則能憑問是非題傳達目標與策略。

是非題可以問得清楚鮮明。脫口秀女王歐普拉不以逼問來賓著稱，衝突型究責並非她的金字招牌，但當她和自行車冠軍藍斯·阿姆斯壯（Lance Armstrong）在他承認用禁藥後首次訪談時，她一連問出好幾個手術刀般準確的是非題，明確問出實情。

歐普拉：「你有沒有靠禁藥提升比賽表現？」

阿姆斯壯：「有。」

歐普拉：「你有沒有用紅血球生成素這種禁藥？」

阿姆斯壯：「有。」

歐普拉：「你有沒有用血液回輸或輸血提升比賽表現？」

阿姆斯壯：「有。」

歐普拉：「你有沒有用別種禁藥，例如：睪固酮、可體松或生長激素？」

阿姆斯壯：「有。」

歐普拉：「在你七次獲得環法自行車賽冠軍期間，有沒有用禁藥或血液回輸？」

阿姆斯壯：「有。」

在歐普拉讓這位殞落的英雄坦承罪行之後，她繼續跟他談這樣做的動機與後果，也談到禁藥在自行車界的盛行。

阿姆斯壯也許希望這樣在電視上坦承能得到某種改過自新的機會，但事與願違。不過這段訪談清楚展現是非問答可以多具效果，只要案子一清二楚，檢察官嚴正不苟，問題精準確實且有憑有據。

「這是藝術、是心理、是鬥智、是溝通、是表演。」奧森如此總結。這是留下紀錄。

有衝突就有風險

阿姆斯壯這種坦承罪行並不多見。川普在拉莫斯質問時顯然不認為自己錯了，參議員蘭德魯在庫柏多次逼問下仍不肯點名是誰該負責，我也不記得哪個政治人物在被嚴詞逼問後跪下來說：「謝謝你這樣義正嚴詞的逼問我……沒錯，我確實是個偽君子。沒錯，我對大眾說了謊。沒錯，我公開所說的話裡有一半是在胡說八道。」

不過我們還是會質問，盡量得到回答，向對方表明：「你的所作所為失當，會被追究責任。」

無論你面對的是老闆、市長、岳母（這我可不建議）或害你卡在半路無法繼續旅程的可憐客服人員，**你的提問都很重要，因為是在傳達出你的想法**。

可是你不會想無故引戰，不會想搞錯事情。究責型提問不能是看到黑影就開槍，而是正確瞄準目標。當你提出質問，背後得有根據與目標，好好傾聽以掌握局勢。如果對方愈扯愈遠，你得制止；如果對方遮遮掩掩，你得點明；如果對方露出破綻，你得進逼；如果對方逃避問題，你得提出質疑；如果對方亂兜圈子或忽視提問，你得重掌局面並再問一遍。

衝突型問題涉及風險，因為會危及關係或名譽。在你提出質問之前，先自問：

需要這樣質問嗎？

問題清楚有力嗎？

我甘冒賠上名聲的風險嗎？

畢竟如果你弄錯、誤解或無理的話，提問不是傷到對方，而是有損自己。在做衝突型提問前，我建議以下三點：

- **選擇時間與地點**。在員工會議上質問同事是否恰當？在幾個同事面前質問？午餐時質問？還是在辦公室私下質問？時間、地點與環境會影響提問的效力。
- **思考提問的方式**。該用一連串簡短的是非題？前面先念出物證內容，立下前提，思考該用哪種口吻，要冷嘲熱諷或嚴肅莊重，要語帶哀傷還是透露怒氣。質問的架式很重要，有時和你得到的答案一樣重要。
- **考慮關係的價值**。我並不真的在乎我是否激怒阿拉法特，不在乎是否會再見到他，雖然我清楚知道主辦單位不希望他憤而離場。安德森・庫柏沒打算和蘭德魯共進午餐，川普大概也不會買香草奶昔請拉莫斯。如果你要質問某人，先斟酌代價，確定你可以承受。

衝突型問題具有直言的力量。如果我們希望人人能互相尊重、遵守規則與負起責任，衝突型問題必不可少。

第6章

創意型提問

跳脫框架的思考，激發創意和想像

ask more

創意型提問是邀我們拿出畫筆，拋開著色本，發揮天馬行空的想像，另闢蹊徑，打破傳統，超越窠臼，朝卓越邁進，朝未來遙望，看見一個嶄新世界，好好做起白日夢。

億萬富翁坐車趴趴走是什麼樣子？

這真是個好問題，讓我們想像有錢人是如何舒舒服服，不像一般人開車辛辛苦苦。畢恭畢敬的司機負責開車，方便取代壓力，感覺真是特別，不用浪費時間找停車位，不用浪費時間招計程車，不用掏口袋找錢（況且億萬富翁出門根本不會帶錢）。你伸長手腳癱坐在後座，舒服放鬆，管理著金錢帝國。這是絕對的效率，至上的成功。

這類問題讓一對科技夢想家在三更半夜腦力激盪之際靈光一閃。特拉維斯．卡拉尼克（Travis Kalanick）與加瑞特．坎普（Garrett Camp），「想完這個點子，又想下個點子」，坎普忽然提出一個大點子——解決舊金山糟糕的計程車問題。他想創造一種極有效率的汽車服務，讓大家覺得自己像是億萬富翁在坐車趴趴走。二〇一〇年夏天，他們倆成立一間小公司，取名為 Uber（優步）。

四年內，Uber 旗下的駕駛遍布五十餘個國家，每天載客超過一百萬趟。草創的五年後，Uber 的估計價值達到五百億美元。Uber 啟發「共享經濟」，如同住房短租網 Airbnb、租借平臺 Snapgoods 與外包網站 TaskRabbit，分別改變大眾旅行、工作與購物方式，一逕席捲全球。現在我們知道，如果大家可以覺得自己像是億萬富翁在坐車趴趴走，會很樂意這麼做，坐上數百萬次。

激發創意思維的乃是獨特的問題。既宏大，又膽大，要人切換到一個不同的時空與心態，打開理想抱負的門，打開大破大立的門，挑戰既有現況，提出天馬行空，以致石破天驚的點子。

這些有趣問題刺激新鮮的思考，如同靈感的泉源，但也會挑戰傳統智慧與已知世界，令你侷促不安。無論你是想提出遠大的發明、拍攝瘋狂的賣車影片或寫下人生的嶄新篇章，創意型提問有助想出大膽的新點子，吸引別人跟你攜手努力。創意型提問讓你看見想像的現實，地平線熠熠發光，限制悉數消失，你可以馳騁想像，一切皆有可能。

就像億萬富翁坐車趴趴走一樣。

創意型問題也許不會讓你開創下一個五百億美元的企業，卻有助發揮最棒的腦力激盪，把窠臼拋諸腦後，也許想出讓小孩準時或乖乖吃花椰菜的新招，也許把各式各樣的想法彙總起來謀求突破，也許想出解決社區問題或國家問題的新方法。創意型問題可以有助群策群力，一同找出解答。

有什麼神奇點子？

我們找到了，再來怎麼做？

前方沒有障礙，接下來呢？

創意型問題要人閉上眼睛，發揮想像，提出瘋狂的點子，擺脫明顯的老套，尋求替代的方式。創意型問題有賴：

- **目光要高出天際**。向自己與他人問得天馬行空，超乎地心引力法則的限制。若要務實，之後多的是時間返回地面。若目標設得不高，永遠無法到外太空。
- **試著做時間旅行**。創意思考永遠關乎未來，所以就去吧。用未來式講出問題，叫大家跟你一同前往。

- **進入想像的現實。**做角色扮演。現在你正在嶄新的世界、公司或社區，周圍看起來怎麼樣？往上看，往下看，三百六十度環顧一圈。你看到什麼？你想到什麼？接下來呢？
- **擁抱顛覆性想法。**足以激發創意的問題會涉及顛覆性想法，令人不安，令人害怕，但我們就是這樣改變世界。

請追求不可能

創意型問題想抓住星星，所以我們才登陸了月球。

一九六一年四月十二日，蘇聯太空人尤里．加加林（Yuri Gagarin）成為第一個進入太空的人類，蘇聯全境掀起一陣驕傲，油然洋溢愛國心，美國則驚慌失措。蘇聯正贏得冷戰的太空戰場。

甘迺迪總統諮詢專家，把目標訂為登陸月球。五月，他要求國會支持登月計畫，明白計畫規模極為龐大，「登上月球的不是一個人……而是整個國家，因為我們得齊心協力把他送上去。」接著他決心宣傳這個點子，叫美國人要放大膽子，要有追求空前壯舉的壯志，別問國家能為他們做什麼，要問他們能為國家做什麼。現在他希望美國人拉高思維，超越地球的限制。一九六二年九月，他在萊斯大學演講，直陳美國人向來想法遠大，拋出好幾個問句。

有些人說為什麼是登月？
為什麼選這個當作目標？
為什麼要爬最高的山？
為什麼三十五年前要飛越大西洋？

這個年輕總統說出一句名言：「我們會這麼做，不是因為這些事很容易，而是因為這些事很困難。」

甘迺迪的精采提問如同正字標記，不只關乎登月，也處處閃耀於他輝煌的總統任期，而其中的非凡之處，在於這些提問激起美國的想像、偉大與願景，叫美國人面對挑戰、望向未來、回應更高的召喚。

美國人並非同聲響應。阿波羅登月計畫大膽而出色，但根據登月之前的蓋洛普民調，這計畫從未獲得多數民眾的支持。然而在登月的那天，全球七分之一的人守在電視機前面觀看。那時我還小，在參加夏令營，從電池收音機聽到尼爾．阿姆斯壯（Neil Armstrong）踩上月球表面，為人類跨出一大步，照著獵鷹登月艇的一塊板子說出：「來自地球的人類首次踏上月球……我們代表人類為和平而來。」在那神奇的日子，一九六九年七月二十日，我們達成非凡的挑戰，答覆了甘迺迪的提問，吸引了全世界的目光。

向未來發問

當我們叫別人進行時光旅行，迅速往前飛向另一個時空，就是給出一張創意思考的門票。人類史上能媲美登月任務的時刻鳳毛麟角，但我們天天都在想像未來，拉高目光，訂下壯志。

我剛替母校明德大學擔任董事時，校長正開始構思一個十年策略計畫。在秋會上，一位舉辦人剛開始就提出一個問題，讓我們想像自己在未來的學校裡以刺激創意思考。

「那是十年後。」他說：「最新的大學評鑑剛出爐，本校排在最上頭。那時我們在做什麼？」

他是以現在式時態問起未來，這問題如同一部時光機，一旦我們坐上去，就超脫花費、資源、人事與財務等時常阻礙遠大點子的障礙，直抵終點，看見最好的自己。在那個虛擬實境裡，我們環顧四周，列出臻至卓越所需的革新，例如：新的科學中心、新的圖書館、多元的學生、更多教職員與更多資金。未來清楚在目！

大家照著想像，接著把時間點往回拉，思考實現的方法，從計畫設計到募款方案悉數探討。如今明德大學有美麗的科學中心與圖書館，有更多學生與教職員，躋身頂尖的文理學院。我們辦到了。想像化為真實。

那次秋會之後，我多次使用這套技巧，叫人時光旅行到未來，親自想像，親眼目睹。假設你們公司從市場上的第十二名躍居第三名：

你在做什麼？

你的顧客是哪種人？

你公司以什麼著稱？

你最以什麼為傲？

以現在式時態問自己是看見怎樣的未來，說出來之後就付諸實行。你不見得會成功，但現在可以問要如何達到目標，誰該怎麼做，要面臨何種風險，要付出何種代價。你得一磚一瓦打造，但若能先看見地方，知道為何要去，則會容易許多。

發問產生創意的編劇

創意型問題是如何讓人發揮創新想像，真心通力合作？是如何讓人另闢蹊徑，別開生面，努力想出非比尋常的創意點子？

我想從另一個角度探索這些問題，一個跟太空旅行、政治或科技等無關的角度，於是我想到一個為創意而創意的地方：好萊塢。你也許不會多認真去想好萊塢，但創意在那裡是整個產業，通力合作實屬需要，成功與否交由數字評斷——評價與票房。

我朋友湯姆．霍伯曼在洛杉磯替超級經紀人擔任律師，簡直人人都認識，所以我打電話給他，請他介紹一個最有創意與熱愛提問的人給我。他一瞬間就想到艾德．伯諾羅，一個職涯大轉彎過的超創意奇才。

艾德是個大塊頭，很有個性，聲音宏亮，各種故事三兩下就脫口而出，身兼節目負責人、導演、編劇與製作人等，參與多部熱門影集，例如：《危急最前線》（*Third Watch*）、《犯罪心理》（*Criminal Minds*）與《跨國大追緝》（*Crossing Lines*）。他擅長發掘身邊每個人的天分，方法是把他們拉出舒適圈，丟進故事與角色裡，靠提問讓編劇、演員與其他人員進入故事中想像的現實。

艾德不是那種看輕小演員的好萊塢人士。他在芝加哥度過艱辛童年，目睹父親毆打母親，兒時的他不只一次打電話報警，把警察當成保護他的人。後來他從過軍，當過保全，自己當上芝加哥市警，幹了將近十年，卻決定辭職以拯救他的靈魂。

艾德是說故事高手，栩栩如生地描述他如何發現自己身陷麻煩，故事主角發現自己的脆弱。那時艾德和同伴會在壞區巡邏，兩人在一家酒行停留，店裡有個姑且稱之為老李的大塊頭，會把街上的最新情況告訴他們，還以一包二十五美分的價格賣菸給他們。香菸便宜，警察通曉情報，雙方皆大歡喜。

某夜，艾德一如往常的來到酒行，卻發現櫃臺後面是一個陌生面孔。

「老李呢？」他問。

「今天早上被殺了。」那女的說：「對著臉開槍的。」艾德大吃一驚，走回警車坐在車內，第一個念頭是：「我還能從哪裡買到一包二十五美分的菸？」接著他回過神來：老李死了，他卻是在想以後買不到便宜的菸？他跟我說到這裡，搖一搖頭，眼往下看。那一刻他知道他得抽身。「這工作會完全腐蝕掉你的人性。」

艾德在接下來五年仍沒有離開警界，卻開始在他家地下室寫劇本。他說：「不是當成職業，而是當成治療。」

某日，一位朋友去機場接 NBC（國家廣播公司）的高階主管去西北大學演講，艾德的太太把他寫的劇本交給那個朋友，請她轉交給那位高階主管。幾天內，艾德接到電話。對方說他寫得好，請靜候佳音。之後更多經紀人和製作人致電約他會面，包括好萊塢裡好幾個響叮噹的名字：史蒂芬·布奇柯（Steven Bochco）、約翰·威爾斯（John Wells）和大衛·米爾契（David Milch）。

再三週他就進芝加哥警局滿十年，但他帶上家裡的錢，把退休金變現，舉家前往西岸。不到一個月，他就跟史蒂芬·布奇柯拍攝 CBS（美國哥倫比亞廣播公司）的警匪影集《布魯克林南區》（*Brooklyn South*），然後和約翰·威爾斯拍攝 NBC 的熱門影集《危急最前線》，最終拍出超過一百三十集的紐約警匪影集，許多故事皆出自其個人經歷。

然而艾德發覺好萊塢是一個怪地方：充斥小手段、潛規則、自我過剩與裝腔作勢。導演、製作人、節目負責人與片廠高層爭權奪利，編劇自詡字字如金，演員把手段與自己看得很重，幾乎人人缺乏安全感，全拚命謀求一飛沖天，對發號施令的要角極盡逢迎拍馬之能事。艾德有一次把故意寫糟到慘不忍睹的劇本帶去開小組會議，看有沒有人會反應，結果卻無人吭聲，於是他明白如果要讓團隊發揮創意，而不只是原原本本把他的點子丟回來，他得用另一套方法。他不該大聲發號施令，而是該用問的。

「你不能把人當成用線吊著的傀儡。」艾德跟我說。

艾德想激發的創意有賴合作：「我希望人人投入片子當中。」首先從各種片段點子在半空中交戰的編劇室開始。編劇室主要擺著一張大桌子，周圍是白板，散著洋芋片、扭結餅與各種補充能量的食物，艾德底下的編劇在這裡「構思故事」，草草寫下點子，編排故事情節，擺布戲劇元素，峰迴又路轉，柳暗又花明，想像整個故事如何展開。

艾德希望編劇寫出的劇本要出人意表，大膽原創「不落俗套」。不過他知道，如果他把對場景或角色的想法告訴編劇，他們會想照他的意思做，綁手綁腳，預設他想要的樣子，設法依樣畫葫蘆。既然這樣，他選擇靠提問激勵他們。

如果主角太晚到場呢？

如果壞蛋的詭計落空呢？

這些問題意在讓編劇與其他人員創造出其不意的轉折，想到別出心裁的情節。艾德憑這招把氣氛變得緊張高壓但有趣好玩，眾人集思廣益，互相腦力激盪。他可以很惹人厭，而他也心知肚明。比方說，他會改團隊交出的劇本，再退給他們看，而且嘴上不饒人。另外，他通常獨自在自己的辦公室吃午餐，不是出於孤僻，而是想給團隊空間：「我想讓他們罵我，讓他們在乎到會沮喪。我跟他們都說過，你在這期間有時會很恨我，但沒關係，這就跟家裡一樣，你大可發飆，也大可激動。」

艾德對編劇不是發號施令，而是拋擲問題。

你要怎麼讓這個角色變得更好？

接下來會發生什麼事？

不過他也靠提問讓大家有參與感，覺得受到重視：「否則他們只會安靜的等你發言，一個口令一個動作，編劇和工作人員都是這樣。我只要說句話，故事走向會整個改變。」艾德認為提問替團隊帶來最有創意的思維。

艾德回憶先前有位飾演警察的演員陷入麻煩，始終抓不到做出某個關鍵動作的時機。他在街頭攔住刑案調查的主嫌，首次有機會向她問話，而她縮著身子狀甚防備。他戴著太陽眼鏡打量她，顯露威嚇與指控的眼神，接著在適當時機摘下太陽眼鏡與她四目相接。試過幾次後，艾德明白行不通。

「休息一下！」艾德大喊，趨前跟那位飾演警察的演員討論，但不是跟他說：「講出第三句臺詞時把太陽眼鏡脫掉……」而是問他：「你覺得這個角色什麼時候會想露出眼睛？那是嫌犯看進你心裡的時候。」艾德希望這演員去想自己的眼睛而非太陽眼鏡。「你覺得他什麼時候會想這樣做？」

艾德把方向化為問題，把回答的責任交給演員，要求他想像場景並解決問題。這不只關乎他的臺詞，還關乎兩人之間的化學反應，進而形塑這個故事。他得有直覺的感受。在艾德的印象中，下一次開拍他表現完美。

艾德對我解釋：「演員是極度多愁善感的人，極度敏銳易感。你不能直接跑過去跟他們說該怎麼做，而是要找到個方式詢問，了解他們正在想什麼，從這來切入。」這樣一來，他們會幫著回答問題，閉上眼睛好好揣摩。

艾德所說的適用於男女老少，適用於各種地方。如果你想找出解決疑難雜症的新方法，如果你想讓創意滔滔激盪，提問是一大良方。

你會怎麼換另一種方式來做？

你的新點子是什麼？

這類提問能讓別人參與投入，激發靈感創意，送出尊重的訊號，彷彿提出挑戰：「你是這冒險團隊裡很重要的一員，接下來你打算怎麼走？」

角色扮演進入想像

創意型問題具有最神奇的力量，讓人切到不同的時間、空間或觀點，得到想像的現實。我們能靠這些提問想出與眾不同的原創故事。

老傑是我在出版界的一個朋友，會叫旗下的頂尖編輯做一個想像練習。假設時局不好，大家得共體時艱，每本雜誌的預算要砍掉一半：

你要怎麼砍？

你要怎麼做？

你要從何著手？

大家著手思考，區分輕重緩急，多方衡量計算，調降紙材的品質，刪減人事與行銷的費用，壓低流通與行政的成本。雖然這只是一個想像練習，人人全力以赴認真思考。

接著老傑來個大轉彎，預算一文不少全回來了，剛才砍掉的開支當成底線，「省下」的預算可以隨心所欲去花。

你有什麼打算？

你要怎麼把錢投入？

在這種集思廣益下，他們的五本新聞雜誌脫胎換骨，比競爭對手得到更多國家雜誌獎，公司的淨利在短短兩年翻倍。

藉提問讓人角色扮演並回答一系列問題是個好方法，相當有助刺激創意與創新。麥肯錫顧問公司從神經科學角度，探討企業最好應如何激發員工的創意，引述艾默里大學神經科學教授格雷戈里・柏恩斯（Gregory Berns）的研究，指出創意有賴於以不同的陌生新事物「轟炸」大腦。

麥肯錫的那份報告說：「若欲想像嶄新方案，勢必逼使大腦重新分類資訊與跳脫慣性思維模式。」報告裡引述學者克雷頓・克里斯汀生（Clayton Christensen）、傑佛瑞・戴爾（Jeffrey Dyer）與海爾・葛瑞格森（Hal Gregersen）在《哈佛商業評論》的文章，他們列出創新者的五種「發現技巧」：連結、提問、觀察、實驗與網路。根據他們的研究，創新的最有效方式是連結「表面無關的問題、疑難或想法」，聯想能讓團隊「發揮長足創意」，比如甘迺迪總統把阿波羅計畫類比到橫跨大西洋，Uber 的兩位創辦人把計程車和億萬富豪聯想在一起。

企業能從這方面切入，提出簡單問題，刺激腦力激盪，想像業內最佳企業會怎麼做，找出跟自身問題最貼近的類比。

谷歌（Google）會怎麼處理我們的這種資料？
迪士尼會怎麼打動我們的顧客？
如果西南航空是我們，會怎麼刪減預算？
ZARA會怎麼重新設計我們的供應鏈？

人人都能逼著跳脫「慣性思維模式」。想像你女兒剛贏得全額獎學金，可到世上任何學校就讀，於是你問她：

妳要去哪讀？
妳要讀什麼？
妳有何種機會？

或者想像你當上你們企業的執行長：

首先你要做什麼來提振士氣與表現？

角色扮演讓人（例如：艾德的演員）置身想像當中，自問該怎麼做。這樣做的管用之處在於成員會把想像結合知識，投入這個小遊戲當中，儘管自己通常不見得意識到。他們在想像的空間中費心思索答案，緊跟一條無從控制或預測的情節走向。

九一一恐攻事件之後，我請二十多名來自全美各地的州長進行一個想像練習。大家圍坐在一張U型大桌子旁，明白事情嚴重，準備正面應戰。我的職責是帶他們審視情境，考驗應對方針與準備程度。首先我播放一段購物中心遭受攻擊的「新聞影片」，記者說有多人傷亡，救難人員就緒但現場亂成一團，四處兵荒馬亂，全國與地方電視臺的轉播車、攝影機與記者也手忙腳亂，許多「專家」預測將有更多起攻擊。我讓這些官員置身情境當中，清楚想像，然後回答我的問題。

他們第一通電話會打到哪裡？

誰該在場坐鎮？

他們會對大眾說什麼？

幾分鐘之後，我轉頭問一個來自中西部的州長要怎麼因應這高度警戒狀況。他回答會密切關注，但差不多僅止於此，原因是他那個州並無恐怖分子的攻擊目標，風險向來不高。我吃了一驚。難道他真認為有人能高枕無憂，絕對置身恐攻之外？

於是我多補充一點情境，說我是《華爾街日報》的總編，想知道先前未受嚴重威脅的地區對恐攻是否有所警戒。我的問題是他們是做足準備或安於自滿？他們正怎麼做？我對那位州長說，我派了一名最犀利優秀的記者到他那州採訪，現在正在他的辦公室外面。

你會說些什麼？

你想要怎樣的頭條？

這位官員神情變了，彷彿有人在他講完一場長長的演講之後，告訴他說他的褲子拉鍊忘了拉。我看得出來他頭腦在轉動。記者？見報？頭條？唔，他說他會解釋先前已經和急難處理與執法團隊商討，跟國土安全部合作，通盤掌握狀況，呼籲民眾要保持冷靜但提高警覺。突然間，我們有了一位負責有為的州長。在我的提問下，他想像一個不同情境，發揮創意思考。

事後那位州長的高階急難處理助理把我拉到一旁，向我致謝，方才靜靜目睹角色扮演提問是如何使那位州長體認到風險，體認危機確實可能發生。那位州長必須想像現實，方能真切體會。

顛覆的提問

開創型思維的人設法突破，不怕憑提問擴大現實的邊界，對世界獨具慧眼，尋求大破大立，向自己提問，向他人提問，有時備受稱揚，有時罵名纏身。我為此找上舊金山前市長蓋文．紐森（Gavin Newson）。他以矛盾反差為根，以樂於實驗聞名，以提問站在時代的風口浪尖，在爭議聲中毅然推動社會變革。

當年紐森以三十四歲之齡當選舊金山市長，成為該市一個多世紀以來最年輕的市長，活力無限，銳意創新，在歷任市長中堪稱數一數二有意思。他從小有閱讀障礙，需要上特殊課程，分外用功，為此「出奇害羞與沒安全感」，但也養成一種看待世界的獨特方式，對弱勢族群格外感同身受。兒時的他備感艱辛，念課文時屢遭同學嘲笑，老師給的評語是對學業缺乏參與和專注，八年間就換了六所學校。

雖然他家經濟拮据，但有幸結識貴人。紐森的父親比爾和超級富豪戈登・蓋提（Gordon Getty）是同學，兩人結為長年好友，紐森和蓋提的兒子也成了朋友，他常跟他們一家出去，搭私人飛機，一起到非洲狩獵。蓋提一家很欣賞紐森的原創想法與冒險精神，認為他是很有潛力的明日之星，後來甚至資助他的事業，他日益功成名就，進而當上舊金山市長。

紐森仍充滿反差，既替小人物請命，又跟大富豪往來；既熱愛政治，又憎惡如今的政治時常受金錢、私利與意識形態左右；既明白結盟合作實屬必要，又堅信承擔風險同樣重要。他特地在辦公桌上放了一面牌子，上頭寫著一個問句，人人一進他的辦公室就看得到：

如果絕不會輸，你會怎麼做？

紐森跟我說：「我會向部屬和身邊的人問這個問題。」他也拿這問題自問。在他當選還不到兩週，他參加二〇〇四年小布希總統的國情咨文演講，碰到第一個考驗，這個爭議使他成為夠格的政治家。

這正在舊金山掀起波瀾的爭議議題是同性婚姻。小布希先前即大為反對同性婚姻，極力支持婚姻保護法把婚姻嚴格限定於異性之間，但在國情咨文演講上，他進一步支持藉修憲把婚姻定義為一男一女的結合。紐森聽得很不安，會後聽到的一句話更讓他怒火中燒。那時他排隊魚貫離開會場，聽到一個女子說她以小布希挺身對抗「同性戀」為傲。紐森一肚子火的離開國會山莊，心想還好很少人知道他是來自舊金山這座挺同大城的年輕新科市長。

他首先打給幕僚長史帝夫．卡瓦（Steve Kawa），這個首位擔任這個大位的已出櫃同志。紐森跟他說，他們得「做點什麼」。之後紐森返回舊金山，召集市政團隊，對大家提出他在聽完總統演講之後反反覆覆思索的幾個問題。

這到底關乎什麼？

何種價值正面臨危機？

做市長的意義為何？

我們來到這裡到底要做什麼？

紐森認為這議題在根本上關乎平等與公平，傾向由市政府單方面頒發結婚證書給同性伴侶。起先連同志幕僚長瓦卡都反對。紐森對我說：「他高聲反對，相當激動。」卡瓦認為此舉極具政治風險，讓人人置身鎂光燈下，即使在舊金山都會爭端連連。

紐森回憶說：「他說光是跟家人表示出櫃就夠難了。」然而紐森依然認為，想婚的同志有權結婚。二〇〇四年二月十二日，就在小布希那場國情咨文演講的三週後，舊金山市政府首次頒發結婚證書給同性伴侶，數千位伴侶踴躍現身。不過紐森的這項措舉無疑使共和與民主兩黨跳腳。

紐森說：「黨內大老大為光火，嚴詞警告我要收斂。」民主黨參議員黛安・范士丹（Dianne Feinstein）指控他會害民主黨輸掉秋天的總統大選。他不知道是否能挺過風暴，但仍堅守立場，還在接受CNN訪問時表示，否定同性伴侶結婚的權利「是錯誤的，而且牴觸這個國家所珍視的美好價值」，而且「如果這代表我的政治生涯到此為止，那就這樣吧」。

不過紐森的政治生涯並未止步於此，反而在二〇〇七年連任市長，豪奪七二%的選票。如今他是加州副州長，志在更上層樓。在舊金山市政府開始核發結婚證書給同性伴侶之後的十年間，許多法官紛紛跟進，許多立法機關紛紛跟進，二〇一五年最高法院最終裁定同性婚姻在全美合法。無論你怎麼看待紐森，他當初能改變這議題是源自在聽完演講之後拿幾個問題捫心自問，從眾聲喧譁中後退，從風險考量中跳脫，以另一個角度看待議題，從而以迥異角度想像一個原本無法想像的未來。一切源自幾個簡單提問。

這關乎什麼？

我們擁護何種價值？

我選上市長是要有何種作為？

創意型問題讓你閉上眼睛馳騁想像。這類問題充滿熱忱，鼓勵冒險，通常帶來靈感，有時具顛覆性，激發我們採取不同觀點，雖然有時是通往興奮與冒險，但有時是通往孤單與爭議。

你可以對充滿創意的辦公室同仁提問，也可以對遲疑猶豫的利害關係人提問，既能當作遊戲，也能單刀直入，還不妨包裝為關乎未來，激發實現未來的新想法與新做法。創意型問題激發膽識，打破框架，你能撥雲見日，激勵大家，想像自己得以走得多遠。

一如紐森放在辦公室的那句話——如果絕不會輸，你會怎麼做？

第7章

任務型提問

找出共同使命，把難題轉換共同目標

ask more

你要如何憑提問的力量建立團隊，釐清任務，定義目標？你要如何叫別人加入你的行列，一起讓世界變得不同？你也許在募款，也許在籌畫社區活動，也許在推動拉邊緣學生一把的教學計畫，也許在社群網站上號召大家對抗地球暖化，也或許鎮上同業剛聘僱一票功夫了得的年輕好手，你需要激勵團隊以便跟他們拚個高下。

任務型問題要求大家付出，有助你讓大家就共同的目標真正討論與分派任務，有助設定輕重緩急，但有賴你少說一點、多聽一點。

在本章裡，你會學到藉提問把對話變成合作，以目標凝聚他人，讓大家為共同的任務攜手努力。我的一個朋友藉此對抗糧食問題，一家經典品牌藉此把共同價值轉為成功要素並贏得忠誠的員工與顧客，一個慈善事業要角憑數頁精心問題建立關係並募得數百萬美元。

只要擅長任務型提問，你不僅能建立團隊，還能啟發成員，讓他們發現自己的使命，讓他們找到自己的角色並群策群力把事做好。你要讓成員達到以下四點：

- **了解你的任務。**檢視各自的關注，找出經驗的交集。你關注什麼議題？你想做出哪些妥協？堅持哪些想法？打造哪些新路？
- **擁抱相同價值。**了解你們的目標是否相同。你們的大原則是什麼？你們的目的地是哪裡？我們要如何結盟合作？
- **找到自身角色。**決定成員各自的角色。其他人要怎麼解決這問題？他們的專業、熱忱與能力在哪裡？
- **設定遠大目標。**遠大目標令人振奮。我們能有多大膽？我們能怎麼改變世界？

無論你是要替大學募款或叫小孩參加義工活動，重點是你得有辦法請別人投入時間、精力或金錢。他們得在乎你的努力，想參與其中，相信你和你的目標，所以你得問他們的價值觀與取捨，找到彼此共同的關注之處，答案也許能促成合作與投入。

聽見共同目標

二〇一二年，艾德・史考特（Ed Scott）和我在紐約結識。那時我在談美國政治的糟糕現況：極化、失能與醜惡。至於媒體呢？並未幫上忙。媒體樂於散布醜聞，挑起爭議，唯恐天下不亂，很少正面報導，一天二十四小時以顯微鏡盯著政壇裡的病菌，但民眾也有責任，大家該留心分辨事實與謊言，要求政客、媒體與自己都負起責任。

在那場演講之後，艾德說他有些觀點想討論，我們約了幾週後在我辦公的地方會面。我為這次會面做準備，發現艾德關注很多議題：公衛、愛滋、教育、自閉症與公民參與。他在科技業賺到一桶金，離開後默默把錢用於投資及公益，協助創辦全球發展中心、佛羅里達理工學院的史考特自閉症治療中心、賴比瑞亞與史考特之家計畫，以及全球共抗愛滋、瘧疾與結核病之友會。

我們在校園裡我辦公室走道另一邊的小會議室碰面。艾德說他對當前的政治發展很生氣，對媒體很失望，覺得大眾並未獲得正確資訊，所以他決心做點什麼。我聽完想了解他的想法。

我：「你最擔憂什麼？」

艾德：「政客成天耍嘴皮，講些空洞概念，真正重要的議題缺乏嚴肅討論。」

我：「問題出在哪裡？」

艾德：「永不停歇的政治活動，幫凶還有源源不絕的資金、愚昧盲目的意識形態，外加漫不經心的傳播媒體。」

我：「後果是什麼？」

艾德：「民眾的意見太多，事實根據太少。我們該有更好的資訊，要不偏不倚，要信實可靠。談到美國花多少錢在外援、教育、就業、氣候變遷與基礎建設等等，我們需要的不是意見，而是事實。民眾該獲得有關就業、貿易與全球經濟的可靠資訊。艾德認為也許這樣我們國家的政治與重大決策才會更貼近現實。」

我：「我們能怎麼做？」

經過數小時的腦力激盪，我們想到一個點子。由艾德搞定資金，創立「美國面對事實小組」，招募大學生、研究生與專業記者，推出網站、影片、資訊圖表、電視快報與直播活動，傳播經嚴密研究過的事實——在二〇一二年大選前的一百天裡，傳播一百個重要事實。時間很短，志向很大。

短短三個月裡，我們實現這個「每日一事實」的計畫，每天把一則事實提供給傳播媒體、脫口秀與公民團體。這個計畫並未改變世界，並未翻轉政治，但我們證明對話可以基於明確直接的事實。

艾德和我問對方覺得這國家面臨何種難題，認真聽對方的回答，檢視各種點子，思索各自能有何種貢獻，在這個問答過程發現我們的共同目標。艾德很有良知，有清晰願景，跟他的合作令我獲益良多。

艾德說：「在價值觀與使命感的驅使下，我設法解決那些我所關注的問題。」

用問題創造參與感

凱倫．奧斯本的事業正源自詢問目標與關注之處，專心傾聽答案。凱倫創立奧斯本公司，教學校與非營利組織如何募款，也替醫院、學校、研究單位、公民團體與大小城市募款。她以事前設計的數頁問題，如同拿著餐廳的菜單，進行量身打造的討論，先用開胃菜問題讓你進入狀況，然後用主菜填飽肚子，最後以甜點壓軸收尾。我一位同事聽過她的演講，很佩服她憑提問建立共同目標與夥伴關係的觀點，於是介紹我跟她碰面。

奧斯本成長於紐約的南布朗克斯，家人從西印度移民美國，在社會安全局擔任主管的父親是她所知唯一從事白領工作的人，附近鄰居有非裔、義裔和猶太人，大多是消防員、警察、老師或地鐵工人。當年多元文化未受推崇，但她在那環境裡耳濡目染，著迷於他們的故事，每個人都個性鮮明，各自追尋著美國夢。年輕的奧斯本很愛看書，每週猛讀五到六本，讀到渾然忘我，入迷不已，踏進書中的場景，跟進角色的冒險。

奧斯本在大學主修美國文學，夢想成為作家，卻沒有耗費數年躲在閣樓寫小說的餘裕，畢業後在紐約的柏油村工作，負責向州政府與聯邦政府申請補助。她做起來得心應手，開始協助大學、醫院和非營利組織募款。

後來她創辦自己的顧問公司，設計出一套問題，用來分辨受訪者的關注議題、捐款對象與捐款原因，詢問他們的工作、目標、熱望與使命。如果他們捐過款，她想知道捐款的原因與目標。

你的捐款是出於什麼價值觀？

奧斯本的任務型提問激發對話，詢問他們的關注議題與背後動機。也許他們有親戚死於癌症，也許他們曾受某個邊緣青少年打動。如果他們現在處於能替這問題做點事情的位子，他們會怎麼做？

她跟我說：「在這樣一趟發現之旅，我會試著足夠了解你，以便設計一套讓你有愉快經驗的策略。」

你想怎樣投入？

我們要怎樣彼此契合？

奧斯本憑這些「建立共識」問題界定原則與目標，把過往的行動化為未來的熱忱，促成對話與建立關係。

哪些指導原則幫助你走過人生？

你想憑捐款達成什麼？

你持續支持何種價值？

奧斯本憑提問得到對方的答案，但也憑提問確保對方的發言。她對我解釋說，她的經驗符合研究結果：「聽到的事大多會忘記，但說出的話大多會記得。」

現在想像你正設法替地區醫院的新兒童癌症大樓募款，想找地方上的重要人士幫忙，所以約詹姆斯出去吃飯，看能否請他助一臂之力。你可以花二十分鐘口沫橫飛大加說明，說明興建的用途與理由，舉出其他的資助人，或者你也可以選擇針對這計畫向詹姆斯提問。

你對這計畫了解多少？

你知道新大樓有什麼用途嗎？

你覺得這對地方上有什麼益處？

如果詹姆斯說：「這對孩子大有幫助」，或說明他所讀到和聽到的計畫內容，或想到朋友的孩子患有癌症，那麼他會比光是坐著聽更投入這場對話。你的問題使他回答與投入。奧斯本說這是一個關鍵步驟，對方可能進而慷慨解囊，捐出大筆善款。

你想請老同學出席同學會並且捐錢？那麼不妨請他們講一講在學校的最後一天做了

什麼，講一講當初怎麼徹夜通宵寫出生平最難的那份報告，講一講最喜歡的校內比賽，講一講最好的朋友，講一講學校對他們的意義，講一講學校帶給他們的改變，然後你再把這些連結回基本價值。

你怎麼運用在學校裡的所學？

你學到什麼價值觀？

你想過怎麼幫學弟妹一把嗎？

你的提問來到下一個階段：你們能怎麼攜手合作？這些提問意在尋求真正的參與，而參與在奧斯本看來是捐款的關鍵。她引述美國銀行針對富人捐款的研究報告：他們愈參與某項計畫，愈願意捐錢，而如果他們的孩子參與其中，捐款金額會更高。

如果你讓熱忱與任務結合，則能帶來激昂的興奮，促成別具意義的投入。

奧斯本跟我說：「現在我對結果抱持興奮期待，開始把自己當成捐款人，而且捐出的不只是錢，還有我的關切、我的智慧資本、我的人力資本，以及我的人脈資本。我要靠所有這些跟你攜手設法解決問題，跟你如同夥伴。我們要的遠遠超乎金錢。」你們界定了共同目標，齊心協力追尋。

問對問題能改變困境

一旦你確立任務，知道你們懷有共同目標，就能開始想下一步：真的做點什麼。

你們的合作關係會是怎樣？

你們能走得多遠？

誰要做什麼？

你們能達成什麼？

我朋友瑞克．利奇整個職業生涯都在問這些問題，對抗世上數個最棘手的難題，推動幼兒疫苗注射計畫、反菸運動與反偽藥走私倡議等。一九九七年，他成立世界糧食計畫署駐美辦事處，協助世界糧食計畫署這個世上最大的飢荒救濟組織。

這組織的目標大膽而清晰，問出有力的問題，想必會讓凱倫．奧斯本十分激賞。

想像一個沒有飢荒的世界……要怎樣才能達到？

利奇號召支援，籌集資金，尋求企業與政府的支持，把食物送到亟需的人手上，協助他們面對乾旱、貧困、戰爭或天災：全球超過七億人面臨糧食不足的危機，包括為戰亂流離失所的六千多萬名難民，利奇是我見過極其樂觀的人。他常還隔著半個房間就高呼「寶貝！」向朋友打招呼，留著濃密鬍子，底下總是掛著笑容，滿心相信人類行善的能力，雖然他曾望進最慘不忍睹的黑暗深淵。

利奇贏得數間全球最大企業、政府部門、非營利組織與成千上萬民眾的協助。在他看來，吸引他人投入社會運動的重點在於，你一定得引起他們的好奇心，讓任務結合熱忱。此外，他也著重把決心化為實際行動，告訴我說：「這關乎真心的發問，了解需求，再抓住機會滿足需求。」這樣的他很善於組織策劃。

他憑四個標準問題建立夥伴關係。

我們怎麼定義這個問題？

解決問題的策略是什麼？

目標是什麼？

我們各自能扮演什麼角色來達成目標？

利奇對最後那個問題的答案尤其感興趣，他和團隊藉此知道在危機爆發時要找誰支援資金、時間、物資或人力。

「一切都回歸到『問題在哪裡？』」利奇解釋說：「我們該怎麼處理問題？你要扮演什麼角色？」

利奇舉二〇一五年的伊波拉病毒危機為例。當伊波拉病毒疫情爆發，整塊區域的國家停擺，糧食與營養立刻成為重大難題。許多企業也停擺，利奇轉為向長年贊助他的優比速快遞公司求援。優比速快遞公司的業務遍布全球，每天運送一千八百萬件包裹，利奇問優比速是否能協助運送食物、醫藥、發電機與其他設備，優比速欣然同意，提供寶貴的物流支援，在科隆分部彙整物資與設備，空運到西非供人道救援組織運用。那年世界糧食計畫署把糧食分送給超過三百萬人，在疫情結束後繼續分送給五十萬人。

各種地方都適用利奇這種集合眾人與界定角色的做法，無論你是想改變整個世界或所住社區，這都很有參考價值。也許你想召集工作上的友人一同推動中學生課輔計畫，也許你想找鄰居花幾個週末清掃河濱，也許你想替殘障寄宿單位募款，這時你可以靠利奇的方法召集善心人士，界定問題，思考策略，各自分配角色。

二〇一五年，上萬名普通民眾（準確來說是二萬五千七百八十六人）為他的組織奉獻心力。正是這類信念激勵他每天神采奕奕的上班，始終抱持樂觀。

「飢荒是解決得了的難題。我們辦得到。」他信心滿滿的說。

吸引共同價值觀的夥伴

發現共同目標可以改變世界。或者也可以改變你的人生，讓你跟同樣想放手一搏的人結為夥伴。

對班・柯恩（Ben Cohen）和傑瑞・葛林菲爾德（Jerry Greenfield）而言，發現共同的價值觀很容易，如何付諸實行才是真正考驗。

我們到底喜歡做什麼？

這故事家喻戶曉。他們七年級時在體育課認識，自承是班上「最遲緩與痴肥的學生」。中學時期，他們成為莫逆之交。傑瑞錄取歐柏林學院，班考進柯蓋德大學但後來輟學。之後傑瑞原本想學醫，卻學起陶器。他們倆都很愛吃，打算投入貝果生意，但兩人幾乎口袋空空，因設備價格太過高昂而作罷，轉為做冰淇淋，班傑瑞冰淇淋公司（Ben & Jerry's）於焉誕生。

他們只花五美元上了冰淇淋製作的函授課程，沒想到要打造富比世一百強企業，只確實有共同的目標與價值觀。非常簡單的目標與價值觀。在兩人的著作《意外的利潤——五美元打造冰淇淋王國》（*Ben & Jerry's Double-Dip*）裡，他們寫道：「我們想要樂趣，想要謀生，想要回饋社區。」

我們要為公司帶進什麼價值？

一九七八年，他們在佛蒙特州謝爾本鎮開了第一家店。到了一九九〇年，他們已經躍居經典品牌，以高品質的產品著稱，發出獨特的聲音。他們圍繞著價值觀打造公司，以全公司內部問卷蒐集員工的點子，問大家對產品、工作與理想的想法。

我們要如何把價值觀融入工作與活動中？

班與傑瑞把崇尚的價值觀化為實際行動，成立一個支持當地事務的基金會，起先以補貼方案限制兩人的薪水不得超過最低薪員工的五倍，把賣冰淇淋的錢投入一系列公益活動：「獻給和平的一％」（一九八八年）、「支持兒童計畫」（一九九二年）、「搖滾與投票組織」（二〇〇四年）與「基因改造食品退散」（二〇一三年）等，族繁不及備載。雖然班傑瑞冰淇淋公司經歷改變，仍保有最初的精神，依然以問卷徵詢員工的意見。

如果你想創辦公司、尋找夥伴或依價值觀打造事業，你可以憑任務型問題測試理念與方向。

這想法怎麼反應你的價值觀？
別人會覺得這值得嗎？
有什麼更高的使命？
你能畫分角色讓大家各司其職嗎？

也許你會發現下一個櫻桃賈西亞冰淇淋。（譯註：班傑瑞冰淇淋公司招牌口味的櫻桃巧克力碎片冰淇淋。）

自問「如何做得更好」邁向卓越

對高階品牌而言，任務型提問也是定義目標與激發幹勁的有效工具。黛安娜・歐萊克（Diana Oreck）讓我體認到這一點。我們碰面時，她是替麗池卡爾登酒店集團工作，她向我說明他們是怎麼藉提問讓員工抱持「黃金道德標準」。

我們在爆滿的飛機上相遇，擁擠機艙使陌生人彼此同情，各自發揮求生本能與十八般武藝。由於她是頭等艙行家，所以我們在「經濟艙」的談話很具代表性。歐萊克家以吸塵器致富，赫赫有名，她在墨西哥長大，常跟父母四處出差遊歷，住在豪華旅館，年輕的她愛上其中的富麗堂皇，一間比一間奢華時尚，一間比一間異國情調，旅館大廳簡直雕梁畫棟，放眼盡是來自全球的政商名流。如果他們待得夠多，旅館人員幾乎成了家人。這些令她神往，進入旅館業，把吸塵器事業留給其他家人。

麗池卡爾登集團在二十六個國家擁有超過八十間豪華旅館，年營收超過三十億美元，員工高達三萬八千名，目標是主宰高級酒店市場，在有錢客戶之間建立真正的品牌忠誠度。歐萊克告訴我，在這個競爭無比激烈的市場，客戶想獲得超乎預期的頂級服務。「如果顧客感到滿意，你只是達到了他們的需求而已。在這一行裡，這樣是不夠的，你需要做到超乎他們的預期才行。」顧客不能只是顧客，不只是「床上的一顆頭」，你還得多給點東西。

歐萊克訓練麗池卡爾登集團的主管與人員，讓他們了解任務並妥善達成。麗池卡爾登集團要讓顧客有「獨特而難忘」的體驗，成為「終身顧客」，住宿體驗得「打開感官，帶來幸福，滿足我們客人並未說出的心願」。

> 是什麼定義了我們？
> 我們代表了什麼？
> 在這前提下我們要怎麼做好？

人員在員工會議或其他場合會被問到是否有什麼想法或建議，說出有哪些做得好與做不好的地方，好的、壞的和難以想像的統統歡迎說出來。一對帶著小娃娃的年輕夫妻來到餐廳，你首先會說什麼？會做什麼？一對老夫妻來到櫃臺，老太太面露煩躁與怒氣，你又該說什麼？

歐萊克把這稱為「打開雷達與拉起天線」狀態，有賴於良好提問、小心傾聽與完整訓練。她向我解釋，每個接待客人的人員每天有權自行決定提供最高二千美元的招待或折扣，「讓客人認同或開心」。她說如果你希望人員以客為尊，你得授權給他們。

「身為職員，如果我每次想幫客人就得去找一次主管，就像是公司在說我笨到不行幫客人，也許怕我給得太多，口口聲聲說信任我但根本是笑話。」

麗池卡爾登集團訓練員工自行憑提問跟客人建立關係並完成任務。當客人向櫃臺人員問禮品店在哪裡，櫃臺人員不會只是告知位置，還會盡量帶客人過去，也許問：「妳怎麼會來這座美麗的城市呢？」如果客人說她是來參加品酒會，他可以向她推薦有豐富酒藏的餐廳。

不過光是提問不成事，還得加上主動有效的傾聽。歐萊克說：「我們的比例是『二耳配一嘴』」，人員一定要建立情感連結。她教每位受訓人員留意情緒的信號。諸如喜悅、生氣或沮喪，他們得努力達成一個任務：營造美好體驗，讓客人成為「終身顧客」。

麗池卡爾登集團不是慈善機構，而是大企業，但正如班傑瑞冰淇淋公司和世界糧食計畫署駐美辦事處，他們集團的金字招牌有賴於人員有歸屬感，願意妥善完成任務。

提問是為了深度聆聽

綜觀全書，我始終把提問原則與傾聽藝術相提並論，主動而深入地傾聽。談到謀求共同目標的任務型提問，你要聽出跟任務有關的動機、熱忱與能力。如果你想叫喬登支持你的理想，你得聽他是否展現出樂意、熱忱、樂觀、振奮或憤怒，從而明白他是否確實認為這理想值得追尋，願意助你一臂之力。

如果你想叫克拉拉資助一項事業，你會仔細聽她提點子的可行性、市場、策略、競爭和金流，留意是否有哪個隱密或意外之處得以切入。也許她談及施予的滿足，你就有另一個主題可問：

妳支持的哪個計畫確實讓世界變得不一樣？

克拉拉也許認為他們打造了病童之家，目睹那個很棒的地方完工，幫助不少家庭走過難關。」

妳怎麼會投入這計畫？

「我們遇到那位很棒的小姐，對她的熱忱與做法印象深刻。我們知道她能做得很好。」

這時專心的傾聽發揮作用，你可以提出回聲問題。

我們？

「對啊。」她說：「我丈夫和我女兒艾瑪。我們一起做出這個決定。」

現在你得知重要資訊，明白這家人的捐款理由，知道出色計畫的要素，還有很重要的是，了解他們是**如何**施予。你可以根據這資訊和她建立關係。

凱倫·奧斯本認為我們都能成為更好的傾聽者。首先，你要思考你是哪種傾聽者。

你是在聽資料、資訊與細項？
你要傾聽生命故事，與人建立關係？
你要回應對方的情緒嗎？
你留意或好奇什麼？
什麼會激起你去回應？
保持沉默有多難？

當你了解自己是哪種傾聽者，則可以傾聽得更好，提問得更準確，讓對話進行得更順暢。接下來，要找出你的缺點。

你愛打斷別人？
你必須帶話題？誰得在雙方陷入沉默時先開口？
你會心不在焉？
你會低頭看電子郵件？
這是因為你難以集中精神或純粹覺得無聊？

你知道你分心時是在聊哪種話題或事情嗎？

你是否苦於「過度自我症」，時常聽到什麼都扯回自己身上？

如果你專心聽自己和他人說話，你會發現很多人常陷入「過度自我症」。

伊娃和湯姆聊天，聽他提到昨天碰到一場小車，她就說：「對啊，我去年也出了這種車禍……」

約翰和同事聊天，聽到她很擔心高額保費會吃掉今年上調的薪水，他就說：「去年我也碰到這狀況……」

你再次跟一個可能捐款的對象碰面，聽到她說醫院裡最棒的地方就是產房，你就回說：「沒錯！我老婆和兒子先前……」

夠了！保持心思在**傾聽**與**提問**。讓問題如同眼睛，鎖定在對方，鎖定在所討論的計畫上，鎖定在**共同**的目標上。任務型問題有賴於無我的傾聽。**你要談我們而非我**。**多問，少說**。**談話該是關於共同目標，而非關於你的想法或事蹟**。此外，你得了解提問與傾聽的關係。前國務卿鮑爾有一個三〇%法則：你主持會議時只花三〇%的時間說話，強迫自己在另外七十%的時間傾聽。

「提問其實有助傾聽得更好。」凱倫．奧斯本說：「提問有助專心。」

此外，傾聽的黃金法則在於你希望別人怎麼聽你說話，你就怎麼聽別人說話。你應好好傾聽對方，從中找出重要、驚人或出色的地方，了解他們成就過什麼，知道他們在反對些什麼，明白他們與眾不同的地方。

現在你是跟一個在乎的對象探索共通的目標，尋找相同的使命。

憑使命解決問題

最近我訪問一群和身障者共事的專家小組，問他們在新的身障法規上路後碰到哪些問題。新法規是討論的主題，但他們不希望繞著官僚與執行面的枝微末節打轉，所以我們聚焦於使命，討論如何讓全美三千八百萬名身障人士最能在工作上充分發揮能力，而我發現利奇那一套有系統的問題很管用。

難題出在哪裡？

你們能怎麼做？

你們個別能對這事業做出何種貢獻？

這得付出什麼？

在職場和公益活動上，你能界定任務與招兵買馬，方法是先請他們思考自己在乎的原則，接著尋求各自所關注重點的交集，問他們願意怎樣參與和投入，請他們設定遠大的目標。瑞克．利奇正是這樣讓大家跟他一同對抗糧食問題，認為飢荒是「解決得了的難題」。

第8章

科學型提問

檢驗觀點的對錯，探索未知

ask more

我們活在一個充斥簡便答案的時代。我上搜尋引擎輸入這個問題：我們怎麼知道地球是圓的？短短不到一秒，我得到一億六千八百萬筆搜尋結果。如果每筆資料讀一分鐘，我總共得花三百二十五年才能讀完。

我們活在一個充斥斷言的時代。我可以隨便在臉書上開砲，講得可能有道理，可能很煽動，一下子吸引到大量關注，甚至如野火燎原。政客可以講些半真半假的話，甚至完全瞎扯的話，即使被別人指正，依然臉不紅氣不喘地繼續胡說八道。二〇一五年，美國眾議院的科學、太空與科技委員會主席拉馬・史密斯（Lamar Smith）一派權威地說，氣象資料清楚指出過去二十年「並無暖化現象」。即使美國太空總署的資料顯示，在二〇〇〇年到二〇一五年之間的十五年裡，總共有十四年的高溫打破紀錄，但他依然堅持己見。立場往往掩蓋事實。

簡便答案與各種斷言充斥於這個數位化資訊時代。現實或線上的友人可以形成同溫層，這樣的贊同不當想法，同意錯誤邏輯。媒體宇宙跟著一鼻子出氣，社群網站讓這樣的執念更根深柢固。

我們要怎麼慢下來？

我們能接受自己是錯的嗎？

我們能換一種方法問嗎？

目前我對自己與他人的種種提問各有成果，也各見方法，其中那些出色的提問帶來資訊、體察、理解與答案。

然而還有另外一種沉靜的提問，不在立刻得到答案，反而要你大膽擁抱不確定的事物。這種提問需要無比的苦功與耐心，要你設法證明自己的錯誤，方得確認自己的正確，我很好奇這是否為另一條可行的路，有別於這個簡便答案充斥的時代？這是否會是追尋真理的可靠途徑？

答案當然是：沒錯。這類提問有另一套截然不同的做法，透過科學的探問，涉入未知的領域，設法解釋物質世界的種種謎團。這種提問方式代表一種對浩瀚未知的體認，憑邏輯從平地搭起巍巍高樓。

- **觀察現象，構思提問。**根據你所見所知的客觀真實事物提出問題。這是什麼現象？背後是什麼造成的？
- **提出解釋。**根據你的觀察、經驗、事實和數據，提出一個能解釋現象的清楚假設。
- **驗證假設。**花時間實驗與測量，試著證明你是錯的。還有什麼假設能解釋這狀況？你遺漏了什麼？你的方法和數據哪裡可能有誤？如果你的假設未受動搖，你就有進展了。
- **給別人看。**如果你覺得假設無誤，四處給其他高手看一看。他們是否看到你沒看到的東西？他們對你的做法與數據是否有疑義？如果沒有的話，你或許可以好好提出自己的一套理論。

科學型提問帶來一段研究過程，圍繞著數據、實驗與可觀察的事實。在這個簡便答案充斥的世界，這方法要人展開一段望而生畏的追尋，比平常更考驗精神的集中，但能帶來更好的通盤研究與決定。現在回想一下你之前有沒有做過什麼選擇或行動，後來的結果不如預期，而你想著過當初如何有更多資訊，或試著以懷疑的眼光檢視，結果會何其不同？你是否曾經基於沒根據的直覺或想法而行動，如今但願能重頭來過，不然至少先實際檢驗一下再行動？如果你買車前能更科學地思考，投資前能更科學地衡量，事情會有怎樣的不同？如果你能把對答案的追尋變得更科學會怎麼樣？

突破致死疾病的醫師

先前我在思考，我們能否在日常碰到的問題裡加進一點科學方法？我們能怎樣運用科學型提問？首先，我得看看這種方法的效果，於是前往就在華盛頓特區外頭的國家衛生研究院，找一位美國首屈一指的科學家對談。他窮究畢生探究未知。在他的世界裡，研究時常面臨批判，假設時常遭到推翻，答案帶來更多問題。

馬里蘭州貝塞斯達鎮是科學的世界，咫尺之遙的華府是政治的世界，兩個世界南轅北轍。在華府中，大家期望問題能趕快獲得肯定的答案；在科學界，大家歌頌發現，未知事物代表著挑戰而非壞事，事實是拿來探究而非利用，重點是數據而非意見。

安東尼・弗契（Anthony Fauci）帶領國家過敏與感染疾病研究院超過三十年。在這個人人選邊站的地方，他卻幾乎從來不碰政治，自視為「誠實的科學中人」，對政治標籤不太相信，對干擾科學或治療發現的意識形態相當不耐，專注於醫學事實，投入生物科學的艱苦研究，治學態度一絲不苟，從觀察中提出問題，從對研究與治療的無窮渴望中提出問題。

早上七點出頭，弗契在寬敞的辦公室外頭迎接我。這不是他今天的第一件事，他六點就伏案桌前了，不愧工作狂的稱號，果真日以繼夜埋首研究。他身形矮小，肌肉結實，七十多歲，仍操布魯克林口音，還會跑馬拉松。辦公室裡堆滿書籍與期刊，牆上掛著一張張他跟病人、總統、醫生與學者的合照，一張張代表他這些年來是如何對抗種種致死疾病：愛滋病、SARS、瘧疾、伊波拉病毒和茲卡病毒等。

弗契尤其以其中一張照片為傲。拍照時間在一九八九年前後，他跟布希總統和總統夫人芭芭拉坐在一起，後面圍著眾多研究人員與愛滋病患。布希總統剛應他的要求，同意大幅增加愛滋的研究經費，迥異於前總統雷根的政策。由於這些經費，愛滋研究取得長足突破，有效療法先後問世。然而在這之前是多年的受苦、爭議與研究。

一九八〇年代早期，我初次見到弗契，那時他正在說明一種似乎針對男同性戀者的神祕疾病，甚至連病名都沒有。我正在白宮跑新聞，雷根總統甚至不願提這種疾病，他和夫人南西在加州時結交許多同志友人。羅克．哈德森（Rock Hudson）是第一個死於這種疾病的名人，在確診的三週前才出席雷根總統的國宴。當時這種跟同性戀有關的疾病在政壇可謂禁忌。

弗契一向愛提問，愛探索，跟許多科學家和研究者一樣看見問題（例如疾病），感到興趣，將之變成研究題目，一如對宇宙的大哉問：

這是怎麼回事？

弗契在醫學院專攻自體免疫系統，研究免疫學和傳染病，十分好奇為何人體的免疫系統有時會失控，導致身體無法對抗疾病與感染。他早期在國家衛生研究院研究一種稱為韋格納肉芽腫的自體免疫疾病，這種病讓肺臟、腎臟與上呼吸道等部位的血管發炎，症狀包括流鼻血、鼻竇痛、咳血、皮膚發痛與發燒等。

在兩層樓上面的實驗室裡，癌症研究人員正在對何杰金氏症進行突破性研究。弗契常在走廊或餐廳碰到這些同仁，交換研究與觀察心得，就像醫生那樣。他們所提的其中一件事引起他的注意，那就是接受化療的癌症患者似乎容易得傳染病，化療不僅抑制癌細胞，也抑制患者的免疫系統。他不禁心想：

> 我能否為治病關掉免疫系統但不害死患者？

弗契提出一個假設，那就是精準拿捏的低劑量抗癌藥物能抑制韋格納肉芽腫患者的免疫系統。那時韋格納肉芽腫無從治療，現有療法都不見效，研究人員試過類固醇或皮質類固醇，但患者仍很相當容易細菌感染或感冒。

為了驗證這個假設，弗契的研究團隊開始以控制組實驗低劑量化療藥物，仔細追蹤患者數月間的變化，詳實記錄年紀、變化、進展與健康狀況。

「我喜出望外，覺得有點好運，我們竟然正巧選對了藥。」弗契告訴我。這些藥也經證實對其他自體免疫疾病有效，弗契一時之間聲名大噪，看來會在免疫學領域取得非凡成就，接著一件意料之外的事情發生，改變了弗契的人生。

一九八一年六月上旬的週六早上，弗契待在辦公室裡，讀美國疾病管制中心出版的《死亡率與發病率週報》（*Morbidity and Mortality Weekly Report*），有一篇文章說洛杉磯的五名男同性戀者死於肺囊蟲肺炎。這種真菌在一般人的肺部都很常見，但對免疫力低下的人可能致死。弗契重讀一遍，問自己：

這是怎麼回事？

為什麼都發生於男同性戀者？

為什麼他們原本很健康，卻出現肺囊蟲肺炎？

起先弗契認為娛樂性用藥可能是問題所在，但這不是他擅長的領域，而且他又忙於韋格納肉芽腫的研究，所以心想：「什麼呀，忘了這件事吧。」

一個月後，美國疾病管制中心新的一期《死亡率與發病率週報》送到他桌上，同樣關注這種神祕疾病，但這次已經有二十六名男性喪命，而且不僅限於洛杉磯，還包括紐約和舊金山，他們全是男同性戀者，原本非常健康，卻突然死於肺炎。弗契感到不對勁。

「這事情很大。」他對自己說。

無知的提問使思考退步

弗契根據科學、醫學和經驗，認為我們正面臨一個即將襲來的危機，一種難以預料卻非常可怕的未知新疾病。基於學者與醫師的立場，他思索當中的公衛風險。他受的訓練是觀察問題，基於方法論提問，把衝動與評斷擺在一旁。

然而在科學界與國家衛生研究院的大門外頭，反應截然不同。那時我是《美聯社》的白宮特派員，剛結束在倫敦的派駐記者工作，來到白宮這個混亂吵鬧的愛現地方，各個記者都在裝腔作勢以凸顯自己的強悍與重要，而白宮發言人演繹何謂權力政治，把情報告訴喜歡的記者，至於哪個記者要是在他看來不公、討厭或不懷好意，可就難逃冷凍的命運。歡迎來到白宮的新聞簡報室。我們離國家衛生研究院僅數公里遠，卻像在天差地別的不同宇宙。

一九八二年十月的這一天，某位記者問起這個很少人想談的致死疾病。他是保守媒體《今日世界網》的記者萊斯特．金索芬（Lester Kinsolving），該媒體旨在「揭露惡事、貪腐與濫權」，他對雷根的白宮發言人拉瑞．史必克斯（Larry Speakes）提問，帶來一段超現實的時刻。

金索芬：「拉瑞，亞特蘭大的疾病管制局說愛滋病例已經突破六百人，總統對此事有無任何表示？」

史必克斯：「什麼是愛滋病？」

金索芬：「他們當中有三分之一已經喪命了。這種病又叫做『同性戀瘟疫』。（笑聲。）不，真的是這樣。這事非常嚴重，三分之一的病例都走了，不知道總統有沒有意識到這問題？」

史必克斯：「我沒得。你呢？」（笑聲。）

金索芬：「我沒。」

史必克斯：「你沒回答我的問題。」

金索芬：「喔，我只是想知道，總統——」

史必克斯：「你怎麼知道？」（笑聲。）

金索芬：「換句話說，白宮把這當成一個大笑話？」

史必克斯：「不是，我對這一無所知啊，萊斯特。」

金索芬：「拉瑞，總統——不，白宮裡有任何人意識到這個問題嗎？」

史必克斯：「我不認為。我想並沒有——」

金索芬：「沒人知道？」

史必克斯：「沒人有實際經驗。」

後來在充分了解之下回顧，當時這段白宮「簡報」的說笑格外殘酷，反應無知與恐懼，透露政治與科學的斷裂。一個致命疾病似乎特別容易找上年輕的男同性戀者，總統有反應嗎？白宮發言人說沒有，暗示：**這裡的大家都沒那麼同志，所以沒有相關經驗。**史必克斯完全沒提醫學議題或研究，沒提公衛或教育，而是基於自身特定的政治立場回答這問題。

如今回顧，實在無法不覺得這段交鋒很驚人，但現在這種例子其實俯拾即是，我們時常但憑情緒對不懂的問題妄加議論。相較之下，科學教我們後退一步，慢下來，不帶情緒的冷靜提問。

這是怎麼回事？

為什麼會發生這狀況？

這是受什麼所造成或影響？

科學提問打破迷思

科學檢驗的方法與邏輯提供一套提問藍圖，基於事實而非情緒，一步一步前進。我們可以拿弗契的例子來看如何使用科學型提問的思維。

- **從事實出發**。你觀察到什麼或相當確知什麼？比方說，弗契從疾病管制局的報告得知，年輕男同志相繼死於一種只有免疫系統低落才會罹患的肺炎。
- **提出你的問題**。現象是什麼？原因又是什麼？為什麼這些年輕男性會死於健康的人不應得到的疾病？弗契的團隊想探究原因。
- **構思假設（即你對現象的解釋）並加以檢驗**。從許多方面來看，假設（hypothesis）是科學型問題的關鍵。這從這個單字的古希臘字源即可見一斑，「hypo」是指「地基」，「thesis」是指「放置」。許多人把假設與理論混為一談，以為並無差別，但其實假設先於理論或解釋，是科學概念地基以下的泥土。達爾文有一個假設，那就是動植物的物種源自競爭與「天擇」，但得等半世紀以後，大量研究與觀察反覆驗證，科學家才把這個假設當作理論：這成為整個科學領域的根基。弗契的假設是這些年輕男性死於某種先前沒見過的自體免疫疾病。

實驗和數據會說出答案

藉由實驗、檢測、測量與記錄，弗契設法驗證他的假設是否正確。唯有嚴格貫徹這種檢驗，包括交給同儕檢查與質疑，他才能知道他的假設是否能支撐整個理論。這種做法跟政界、商界與日常生活完全不同。我們平常所看到的是大家往往講得振振有詞，希望能證明自己是對的，至少是站在「對的」那一邊。科學界不然，你是在證明自己是錯的。當無法證明為誤，勝利才會到來，代表你有了一個合理可信的假設。

如果你的假設通過嚴密檢視，你就有了一套解釋，但即使這樣仍不算完全確定。在科學界，終極答案並不存在，原因在於一旦你的「為什麼」獲得解答，下一個「為什麼」就會冒出來，無止而無盡，更多研究需要去做，更多發現有待找出。

你可以靠這套「事實、假設與檢驗」的原則讓提問更加科學。當你根據觀察與事實做實驗，試著了解你的假設是否經得起檢驗，這原則會有不同的運用，而你要擁抱不確定，迎向未知，知道追尋答案得花時間，所以請準備好採取不同的思維。

假設你出了車禍，斷了三根肋骨，頸部扭傷，瘀青嚴重，疼痛一直未消，雖然你知道逃過一劫實在很好運，但身體真是痛炸了。之後你去看復健科，似乎有點用，但還是會痛。醫生開止痛藥給你，但你不愛吃，疼痛只是隨藥效時好時壞，而且並未完全消退。有些朋友建議你試瑜伽，你查完資料決定一試，反正孤注一擲，死馬當活馬醫。練瑜伽不好玩，簡直把你整慘了，但幾個月之後，你覺得疼痛狀況稍有好轉。

這是瑜伽的功勞，還是身體本來就在逐漸恢復？

你認為瑜伽有效。也許瑜伽能動到身體、關節與肌肉，減緩車禍導致的疼痛。這是你的假設。

為了測試你的假設，你決定做個小實驗，那就是停掉瑜伽。短短幾天，你很確定疼痛加劇了。這有時不容易評估，畢竟疼痛在車禍後簡直在你的生活裡如影隨形，但總之每天你在各時段以一到十分為疼痛程度評分，包括起床、午餐、晚餐與就寢的時候。幾週後，你發現一個規律：早上起床後很痛，午餐左右減緩，晚餐前後回升，就寢前再稍微加劇一點。連續好幾週都有這種規律。

因為睡覺時身體僵硬？

因為你痛到睡不好？

至於晚上較痛的部分，原因也許只是出自疲累，也許是一天下來的活動所導致。

為了探究原因，你決定重新開始做瑜伽，一天做兩次：早上起床一次，晚上睡前一次。再幾週過去，你看到改變。早上依然最痛，但比先前停掉瑜伽時來得好。晚餐前後依然變痛，但在睡前會緩和。你的結論是每天做兩次瑜伽有幫助。你無法百分之百確定是瑜伽的功勞，但圖表與經驗指出瑜伽與疼痛的關連。

恭喜啦。你做了你自己的簡單科學實驗，而且感覺變得比較好。

妮娜．費道洛夫（Nina Fedoroff）是一位植物學家，先前曾任美國科學促進協會會長，她舉不同學門對現實的詮釋為例，從「心理建構」向我解釋科學型問題。在文學界，想像替世界賦予意義。在法界，法官憑判例解讀法條。在科學界，想法必須經過反覆的觀察，實驗結果必須具有可重複性。科學家會說，好，我有這個想法，但要接受驗證：

我要怎麼驗證這個想法？

我的想法怎樣會是錯的？

在現實世界，我們沒什麼動機把這種態度融入生活與工作。你不太可能來到主管的面前說：「好，我對這個新產品有某種想法，但我可能是錯的。」市議員也不太可能在市議會上說：「我知道怎麼提升收垃圾的效率，但我們得先檢驗看看，因為我想知道我是否有弄錯。」候選員不太可能說：「我有一個增稅計畫可以減少赤字與拯救社會福利計畫，但還有些地方不太確定。」上述這些說法聽起來都很怪。

我們通常崇尚明確說法與簡便答案。在開會時自信宣稱能「解決問題」的傢伙往往獲得賞賜與升遷。我們提出想法時不會對主管或股東說：「我好像有個看法，但我正努力想證明我是錯的。」我們理應捍衛自己的看法，而非邀請別人大肆批評。

然而科學型問題有一套方法論，需要數據，對問題與答案嚴加檢驗。在矽谷這個幾乎一切皆受檢驗的地方，一個提升線上產品的極重要工具叫做「A／B 測試」（A/B Testing）。為了測試，科技公司會提供更新版應用程式給一小部分使用者，其他大多數使用者則繼續用舊版本，然後他們根據點擊數或購買數等評估兩個版本，如果新版本表現較佳則扶正為人人都用的版本，否則舊版本會繼續沿用。這套方法以實際數據為上，不是聽取天花亂墜的宣傳口號，不是採信員工自信滿滿的片面講法。

如今數據日益容易取得，我們可以期待決策與提問用上更多科學與數據。你也許想生產一個新產品，也許想讓公司跨足海外以抓住全球新興的中產階級消費者，也許想買下阿拉斯加的一間鮭魚養殖場，這時科學型問題有助你慢下腳步，妥善觀察，提出假設，實驗檢驗，獲得數據，最後再下定論。也許佛蒙特州的旅館終究才是最佳投資標的。

挑戰、推翻自己，磨練分析能力

對安東尼・弗契而言，愛滋病研究令人無比挫折，時間不站在任何人的一方。在他和其他研究者費心實驗與推翻自己之際，外頭許多人正相繼喪命。愛滋運動團體抨擊與抗議，舉著「沉默＝死亡」的抗議牌，高呼經費太少但情勢太急。恐懼蔓延，哀痛瀰漫，挫折不絕。

許久之後，高呼「溫柔友善的美國」的布希總統終於提高研究經費，弗契全力埋首研究，但也是在三年之後，國家衛生研究院的羅伯特・蓋羅（Robert Gallo）和巴斯德研究院的蒙塔尼耶（Luc Montagnier）才宣布發現了導致愛滋的病毒，這種反轉錄病毒會潛伏在人體內數年之久，然後引發愛滋病。

一旦病毒找到之後，研究人員開始研究療法。分子病毒學家研究病毒的基因。研究人員找到抗體檢驗方法，可以迅速篩檢。他們著手研究現有藥物是否能抑制病毒，但挫折不斷，屢次落空，一而再失敗。

當ＡＺＴ這個藥物似乎見效，醫界突然燃起一陣攻克此病的希望。然而實驗與經驗指出這種藥的藥效會逐漸減弱，病毒能靠複製與突變產生抗藥性。這挫折引出一個問題：

> 我們要怎麼遏止複製與突變？

研究人員測試更多藥物，發現一次服用數種藥物能互相補足，防止病毒出現突變。一九九六年，這種新的雞尾酒療法獲得核准，患者原本的預期剩餘壽命是八月，在服藥後可以延長為五十年。愛滋病仍可能致死，在貧困國家尤其如此，但數十年的科學研究（沉靜提問）取得了成果，罹病不再等於自動宣判死刑。

科學是奠基於可量測的世界，但我們平時仍能把科學方法融入其他類型的問答當中，問得更準確與聚焦，速度放慢，態度謹慎，加入更多數據與事實。在討論某個難題時，我們可以提出自己的發現與想法，挑戰自己的假設，也請別人加以挑戰。

科學型問題可以應用於商界、社區與日常生活。想像一下，如果大家的想法先經過自己努力設法推翻，最後才相信自己是對的，在員工會議、董事聚會或政治辯論會上提出來，那會多麼有意思。

假設競爭對手讓你節節退敗，你正考慮要多投入資金到公司裡。你的消費者想要什麼？需求在哪裡？他們都買些什麼東西？你回答這些問題，逐步擬定策略（即假設），然後加以測試。

假設你睡不好，也許凌晨兩點醒來，也許根本輾轉難眠。問題是出在咖啡因、食物或壓力？在看睡眠門診之前，你能先怎麼自行理出頭緒？你要怎麼逐步縮小可能原因的範圍？也許你可以用試算表或健康追蹤程式蒐集數據，了解睡眠的時間與好壞，彙整咖啡因攝取量、運動、飲食與壓力等資料，從中找出規律，提出假設並設法檢驗。

上至外太空，下至亞原子，科學型問題探索真實世界，設法解開種種謎團，整個過程有賴觀察與測量，還需要耐心。這可謂無止無盡，跟所試圖解碼的宇宙相比完全微不足道，所以是一種非常謙遜的提問。

我研究了這種提問，自己的提問方式跟著改變。我的觀察與思考變得更深入，希望得到更多數據，設法分辨「我知道的事」與「我自以為知道的事」，想聽到的不是肯定而是懷疑，想聽到我們如何解釋與適應種種的不確定。我會問：

我們看到什麼，又到底知道什麼？
我們怎麼認為自己知道，又對此怎麼解釋？
我們是否可能是錯的，下一個問題又是什麼？

第9章

面試型提問

了解面試者的個性與技能是否合適

ask more

有一類問題讓我們多數人最熟悉也最害怕，那就是求職面試問題。無論你是想得到職位的求職者，還是想補上人員的面試官，面試問答都有立即的影響。如果你是求職者，答錯重要問題，可不會雀屏中選；如果你是老闆，沒有問對問題，可能忽略重點而錄取錯人。

成功的工作面試會有一組有條有理的問題，評估天分、成就、人格、能力、判斷力與價值觀。有些問題單刀直入，像是快速球，劈頭問起經歷或技能。有些問題難以預料，如同曲球，突如其來，考驗你的靈活與想像，也許問起某個似乎八竿子打不著關係的問題。如果你漂亮打擊，人人興奮高呼。

工作面試的第一條規則：別沒準備。準備有用處。你要知道自己在說什麼，在跟誰說，盡量了解這份工作，腦中與手邊有一組問題清單，思考面試時要往哪裡去，要趁機了解什麼，又要怎麼去到那裡。正如你不會沒有衛星導航系統就貿然划船橫越大西洋，你也不該毫無策略與構思就踏進面試現場。你不是坐下來閒聊，而是設法盡量了解對方，了解這職位是否適合。

如果你是求職者，可想而知多數面試官會問背景、經歷、興趣，以及你能為公司帶來什麼貢獻。

為什麼你對這份工作有興趣？

你認為你能替我們做些什麼？

你有哪些適合這職位的特點？

為什麼我們該錄取你？

你要為每個問題準備答案，把重點條列出來，每個答案包含二或三個你的特點，在答題時順便帶到，但不致偏離重點或講得落落長。你要演練回答方式，講得清楚準確，直截了當，顯得自信十足。想幾個能凸顯相關經歷或有助脫穎而出的例子或小故事。如果你曾帶一群人到中國學習建築設計與節能技術，你可以談在那邊看到的新材料或新科技，談在那裡是怎麼討論中國新創文化的轉變。如果你帶過得應付吵鬧小孩與恐龍家長的夏令營，你可以談你是怎麼善用人性來讓人人開心。

切記，在厲害的面試官面前，你的語氣跟用詞一樣重要，所以你呈現自己時得尋求平衡，講出事蹟但別吹牛，展現自信但不傲慢，承認短處但不侷促。你要準備幾個先前的艱難抉擇或兩難困境，有辦法說明當初是如何加以克服，藉此呈現你的性格。你要知道你想問什麼問題，你的提問幾乎和回答一樣重要。另外，你還要展現對這個職位、企業、競爭對手與成功定義的了解與興趣。

你最近已經僱了很多人，這種成長的動力在哪裡？

你的線上策略如何影響零售策略？

你的員工怎麼看待你所推動的企業責任？

你要怎麼提問和回答呢？最佳方式是聽自己說。練習時用智慧型手機錄下自己的回答，一次答一題。我身為一輩子出現在電視上的人可以告訴你，觀看自己的影片會令你恍然清醒！你會對自己展開最不留情的批評，開始調整聲音與答案，讓回答變得更自信流暢。

如果你是面試官，自然希望求職者事先做過練習，他們能讓你驚豔，講出自己的優點，說明為什麼自己是這份職位的不二人選。你自己也得問得準確，持續進逼，根據職位與求職者量身打造不同問題，以便得到跳脫履歷表與制式答法的回應。如果你在徵募主管，不妨問面試者是怎麼與人應對，激發成功，因應挫敗。如果這份工作有賴體力與耐力，你可以問求職者先前是否做過類似工作，又是如何保持身體健康。你的提問要能引出具體答案，反應求職者的天分、經驗與個性。你想知道怎樣能激勵求職者，讓他保持工作效能。你詢問求職者的過往經歷，提出不同情境，以便對較難衡量的特質旁敲側擊，例如：面對逆境或創意思考的能力。你想了解他們的工作倫理、專業能力、企圖心與目標。

你做過最成功的專案是什麼？

這職位最讓你感興趣的是什麼？

這工作和你的整個職涯抱負有什麼關連？

求職者和面試官都想釐清對這工作的預期，想了解對方能給出什麼。雙方透過直接提問發掘資訊，傾聽對方的用詞與語氣，引導更深的思考。

這會一拍即合嗎？

能力與志趣相符嗎？

我們要的東西一致嗎？

我們適合攜手合作嗎？

一般來說工作面試問題，是為了解應徵者的能力與特質：

- **介紹自己。**這些問題會叫你介紹自己，問你的背景、資歷、過往成績、過去所學、待過之處與未來方向，試圖了解你有哪些不同於他人的特點。
- **分享願景。**想像你已經錄取，成為團隊的一員，碰到某個狀況、機會或危機，這時你要怎麼做？你會冒什麼風險？你要把經驗與知識應用於這個想像的新挑戰。
- **承認挫敗與難題。**這些問題會觸及生命中的艱難時刻：失敗、衝突與艱難的決定。你得說出生命中的故事，展現逆境中的才智、毅力與堅韌。

● **擊中曲球**。思緒要快！有些問題會天外飛來，考驗你的急智與創意。你無法事前準備，只能但憑真心，要創意，要真誠，好好享受吧。

獵人頭的面試提問

為了直接從面試官身上了解他們最重視的面試問題，我打給史托貝克派門托公司的合夥人雪莉・史托貝克（Shelly Storbeck）。這是一間獵人頭公司，替高教機構與非營利組織挖腳高階人員。多年前我碰上挖腳而認識了雪莉。她擅長判斷性格，很務實地明白學校高層需要何種特質。在學校裡，所有人說的話都需要被聽見，終身職教授、叛逆學生、難搞家長與守舊校友各有各的話要說，所以改變很困難。學校如同大城市，各式各樣的人都有。

雪莉與人選進行許多回的問答與對談，詳細了解，然後才推薦他們進入獵人頭的下一個階段，由遴選委員、資深行政主管、教職員與學生進行數日的面試，從才學、專業、情緒與願景等層面決定他們是否適合。

在面試時，雪莉迅速切入重點。如果校方想遴選校長，她會請各個人選說明過去是如何達到校務目標，包括募款、管理、註冊率與提升學術品質等。她要聽到具體的答案。比方說，如果增加教職員多元度是優先目標，她會問：

你當初是怎麼提升教職員的多元度？

你實際聘請了多少不同背景的教職員？請實際舉出來。

你為何能有許多人選可挑？

你是如何帶領這些教職員？

為求了解人選的願景，雪莉以她所謂「魔杖問題」引出領導人物該有的宏大想法，可能改變發展路線與校內文化的厲害點子。

如果你有魔杖，你會怎麼使用？

你要怎麼跟校內的各種人員共事？

你對治校有什麼遠大目標，又要如何達成？

魔杖讓他們可以跳脫各方勢力與人事的阻礙，盡情發揮創意。

如果背景調查報告上有可疑之處，雪莉也會提出來問，但問得很有技巧，希望對方據實以告而非提防閃躲。她知道學校裡人多嘴雜，各有意見，幾乎所有校長都難逃批評，所以她也許會問：

批評你的人會是怎麼說你？

雪莉要的不是偽裝成自我批判的自我吹捧，例如：「我工作太認真了，甚至會凌晨三點還在寄電子郵件，讓有些人壓力很大。」她想聽到誠實的答案，希望人選在認真思考後給出回答，答案反應他們確實對自己的小缺點有自知之明，也在乎這會怎麼影響到跟別人的共事。她認為這很重要，原因在於校長面對的工作很複雜，需要有辦法跟人員達成共識。

雪莉向我說明：「自知之明是成功領導者的要件。」

經驗和展望是參考值

工作面試問題可分為兩類：你做過什麼，以及要做什麼。第一種是**行為型問題**，叫求職者回想先前做到或想做的事，探究時間與經驗帶來的啟示。

你可以舉一個例子，說明先前你是怎麼設定目標與時間表並成功做到嗎？

舉個例子告訴我，先前當主管拿一個你不同意的事情請你給意見或叫你做，你是怎麼回答的？

你在工作上做過最困難的決定是什麼，又是怎麼決定的？

這類問題讓求職者說出他們在特定情境下的行事。他們要描述細節，但不只是在回想往事，還是在回顧先前的兩難與決定，這當中反應他們的道德觀與價值觀。他們過去面對難題或挫折的方式，反應他們在新職位上可能會有的處理問題方式。

由於過往做法不見得等於未來表現，厲害的面試官也會問**情境型問題**，看他們會如何面對未來可能的決策或情境。最好的情境型問題會結合特定情境與艱難抉擇。

假設公司今年很旺，你被問到額外的獲利該怎麼花，你的建議會是什麼？
如果所有部門都會被砍掉五%的預算，負責安排預算的你會砍掉哪些開支？
同事跟你說薪資發放不公，公司裡同樣性質的員工錢領得更多，這時你怎麼回答？
主管對一個專案興趣濃厚，但你覺得那是個爛主意，可能害慘公司。你們要開會討論這專案，你會說什麼？

這些問題有助了解求職者的個性素質，明白他們碰到困難時的處理方式。求職者需要結合熱忱與想法，展現他們如何靠經驗、邏輯、正直與對議題的理解做出決定。

如何看出創新的人才？

管理或創意類職位的面試是問你會怎麼想像、領導或創新。如今似乎所有企業都大聲疾呼創新，所以面試官要如何問出求職者是否能創新？成功的求職者又要如何回答這類問題？

我想到珍．凱斯（Jean Case）這個合適的請益對象。她跟丈夫史帝夫．凱斯（Steve

Case）在一九九〇年代協助點燃科技革命，史帝夫創辦了美國線上公司（AOL）。那時我們還在把網路叫成落落長的「全球資訊網」，但美國線上把網路帶進每個人的家裡，儼然成為這個數位通訊連結新世界的代名詞。珍是高階主管，幫忙把美國線上打造為全球極為知名且靈活的企業。

一九九〇年代末期，美國線上攀至巔峰，史帝夫與珍創立凱斯基金會。CNN隸屬時代華納旗下，所以我在美國線上收購時代華納時碰到他們。這項收購簡直是災難一場，但由珍帶領的凱斯基金會蒸蒸日上，結合人與科技，參與慈善事業，推動社會革新。凱斯基金會擅長號召創新高手，我很好奇珍是如何讓各路好手齊聚一堂，攜手推動革新。他們如何憑提問找來一群充滿創意的科技人才？

我和珍約在華府一間很小的時尚海鮮餐廳用餐討論。她跑著出現，掛著燦笑，精力充沛，一隻手拿手機，另一隻手伸長和我握手，馬上跟我聊了起來。

我原本以為她會很著重數據與科技，事先準備好一份詳問面試者經歷的問題清單，問他們發明過什麼東西，測驗他們的科技專才。但我錯了。珍想了解他們知道的內容，還想了解他們思考的方法。

珍的性子很急。這一點你很快就會感受到。她講話速度飛快，講著遠大想法，投入地球健康與腦部健康等多項議題，擔任學校董事與校務顧問，沒有多少時間能浪費，所以她向面試者提問時會希望對方盡快準確回答，想知道對方是否做足準備且有原創想法。她會問：

我們哪裡做得對？

我們哪裡沒做對？

哪裡忽略了？

如果你坐在我這個位子上，你會怎麼做？

她會問面試者做過哪些重大決定和不凡行動。她希望面試者展現出他們能迅速思考，在面對機會或挫敗時改變思維，敢冒風險。

你有多能游刃有餘地面對意外轉變？

在缺乏佐證數據下，你仍有膽識提出點子嗎？

你有辦法精采地說服大家嘗試嗎？

這些是珍的快速球問題，測試面試者的思維，考驗他們在面對陌生狀況時是否仍能掌握邏輯與發揮想像。這些快速球反映實務上的困境與兩難，例如：商業決定、人事議題、投資機會或技術挑戰，直接考驗面試者的經驗與熱忱。

如果你有機會，你會怎麼解決這問題？

如果這行得通，你會怎麼變得更聰明與強悍？

如果這行不通，你會學到什麼啟示？

如同史托貝克派門托公司的合夥人雪莉．史托貝克，珍會問面試者的挫敗與缺點，想聽他們談逆境與難關，想聽他們在團隊表現不佳時是如何處理失望與重新振作。她直截了當的問：

你最慘的失敗是什麼？

「逃避這問題的人出奇得多。」珍告訴我。她認為若能妥善處理，誠懇描述，則失敗實為資產。有時失敗是代表願意走上未經驗證的新路。她認為所有面試者都該準備好談論失敗。

你從失敗裡得到什麼啟示？

快速球問題在工作面試上可以非常管用，但也能運用在其他地方。我做訪談時很常問這類問題，無論訪談對象是市長、執行長、學校老師或某位媽媽都一樣，藉此知道他們如何看待危機，如何處理危機。正如雪莉．史托貝克所觀察的，只要你問得恰當，他們會從自身角度說出失敗當中的啟示。

準備好迎戰曲球

投手不能只靠快速球闖天下，訪談與面試也是如此。我面對面試者或政治人物時也愛投曲球，出人意料，考驗他們的隨機應變。曲球問題天外飛來，令人措手不及——出奇的題目或轉折。曲球問題可以嚴肅或有趣，該當不同於先前的尋常問題，尋求未經排練的回答、一點點的幽默或心底的念頭，反應面試者的性格與思路。

我訪談時也為類似目的丟出曲球問題。還記得有一場訪談是在喬治華盛頓大學，訪談對象為麥可・海登（Michael Hayden），他是美國空軍退役四星上將，曾任中央情報局局長，那天談的議題非常嚴肅：恐怖主義、網路攻擊，以及中國與俄國日增的威脅。這些議題很重要，很有意思，但我也希望觀眾把海登當成一個活生生的人，了解他是如何思考、決策與放鬆。我知道他堪稱冷面笑匠，所以當討論進行到一半，我停下來轉頭對觀眾說，連中情局局長都有休息放鬆的時候，接著我問這個全美國最頂尖的情報頭子：

諜報片……跟電視節目，你都看些什麼？

海登眼睛一亮，笑著說：「《反恐危機》。」

這部影集圍繞著中情局幹員凱莉・麥迪遜，她有時機智過人，有時精神失常。海登說他在局裡就認識這樣的人，跟他們一同共事。接著他講起在中情局裡的生活，說明他如何面對局裡一天二十四小時的高度壓力，但還過著罕有人了解的平常生活。那幾分鐘裡，對談變得很輕鬆。海登很幽默風趣，容易親近。我的問題並不特出，只是略有不同，想讓整段沉重對談稍微緩和一下，觀眾也能喘口氣。

曲球問題常是工作面試的一環。珍．凱斯跟我說，她會拋出曲球問題，看面試者如何回答，能否發揮創意即興答好：「我們會拋出非常出乎意料的問題，想看他們如何回答。」她想找充滿創意的人才，所以格外注意這些回答，尤其喜歡一個問題：

你最喜歡超市裡的哪一條貨架走道？

我想著這個問題，思考我個人會怎麼回答。我的答案也許是賣咖啡的那一條貨架吧。那裡展現世上的滋味是如此豐富多元，有衣索比亞的耶加雪菲咖啡，有瓜地馬拉兩座火山的咖啡，如同在浪漫地提醒你，每天都值得一個有滋有味的美好開場。這裡反應人類的創新與發明，見諸濃縮咖啡、滴漏式咖啡、單杯式咖啡機等，也呈現錯綜複雜的全球化現象，暗藏棘手的勞工問題。有機咖啡與公平貿易咖啡的興起表示改變實屬可能，繁榮可以共享。咖啡可謂我們這時代的隱喻。

總統候選人的全國面試

工作面試時常在令人備感壓力的環境裡，一群面試委員前，或豪華辦公室裡。最好的面試者進場時自信滿滿，做足準備，對問題與答案做好演練，腦中裝滿精心構思的各種答案。這可以理解。不過最有收穫的面試往往是能見到真誠的回答，而非精雕細琢的答案。

選舉候選人最會做足準備。跟他們的訪談其實就像是公開面試。

為什麼你想要這份工作？
你做過什麼是值得讓我們錄取你的？
如果你得到這份工作，你會做什麼？

最盛大的公開面試就是美國總統大選辯論會，候選人一同現身，一堆鏡頭記錄每個時刻。雖然沒有正常雇主會叫求職者多次面對這種陣仗，總統大選辯論會仍有些值得思考的啟示。最重要的一個啟示是：候選人想一直傳遞核心訊息。他們忽略不喜歡的提問，盡量講他們認為大眾想聽的話。因此，主持人知道有時也許得逼問二或三次才能得到回答。

我決定去拜訪鮑伯・希福（Bob Schieffer）。他長年靠打斷罐頭式回答吃飯，在CBS新聞臺工作將近半世紀，主持週日的訪談節目《面對國家》（*Face the Nation*）長達十四年，主持過三場總統大選辯論會：二〇〇四年小布希與凱瑞的辯論、二〇〇八年歐巴馬與麥肯的辯論，以及二〇一二年歐巴馬與羅姆尼的辯論。

希福沉著冷靜，帶著南方人氣息，訪問極為認真盡職且單刀直入，目標是讓總統候選人道出當選後的做法、決策與性格。他多年來訪問過許多無比頑強的人，他們一心只想傳達核心訊息，有時完全忽視提問，只說自己想說的，這時他的職責就是讓他們不只是照本宣科，猛講精心排練的話。

希福對候選人與提問者有相同建議：直接，真誠，做自己。他的問話相當有效，向來以直截了當的談話風格著稱，不像許多學者專家或主持人擺出一副自視甚高的樣子。在辯論會上，他會參雜不同主題，有時跳脫政治，使候選人更顯立體。

他回憶二〇〇四年的一場辯論會，那時小布希謀求連任，對手是約翰・凱瑞（John Kerry），美國正在阿富汗和伊拉克打仗。在辯論會上，希福問小布希一個有關信仰的問題。

希福知道小布希時常訴諸他的宗教信仰，而這宗教是千百萬美國民眾生活中重要的一部分，也關乎小布希對救贖的詮釋。另外，希福也聽過傳言說小布希受他父親老布希影響很深，攻打伊拉克是幫父親出口氣。透過這個提問，希福一次碰觸信仰、家庭與戰爭等三大議題，再後退一步靜觀發展。

希福問：「總統先生……在美軍入侵伊拉克之後……有人問你是否跟你父親請益過，而我記得你說你跟一個更高的權威請益。信仰對你的政策決定有什麼影響？」

小布希並未證實傳言，但稍微透露想法，表明信仰是如何支持著他。他說，信仰在他生命中占有「很大一塊」，而他時常祈禱：「我為智慧祈禱，為士兵的安危祈禱，為我的家人祈禱，為我的小女兒祈禱。不過我很清楚，在自由的社會裡，你想不想祈禱都可以。無論你選擇向全能的神祈禱或不祈禱，你都同樣是美國人。無論你是基督徒、猶太教徒或穆斯林，你都同樣是美國人。在美國，很好的一點就是你有權選擇信仰。」

他並未閃躲問題。

「祈禱和宗教支持著我。」小布希說：「讓我在總統任內的風暴裡得到平靜……但是我從來不想把我的信仰加諸在任何人身上。不過我做決定時會依照原則，而原則是來自我是怎樣的人。」

希福可以逼得更緊，可以追問下去，但無論觀眾怎麼想小布希或宗教與祈禱，希福這問題都讓小布希有機會談這個對他很重要的層面。我不建議你在求職面試時問起信仰，除非你想惹人資部門的朋友發火，但在總統辯論會上，各種問題都來者不拒，而希福的這個提問從個人與專業層面有力觸及人生哲學與行事動機。

歷史會決定小布希在歷屆總統之中的評價，大眾會決定當初是否在正確時刻選對了人。在那個當下，超過五千萬名面試委員般的觀眾領略到小布希對信仰的態度，聽到他是怎麼解釋信仰對他所做決定的影響，至於他們喜不喜歡他的答法倒是另一回事。這不是多別開生面的回答，卻提供了脈絡，而在總統工作的面試上，脈絡增添意思與洞見。

如果你想知道面試者的動力來源，你可以想一個類似的問題，把重大決定跟原則和價值觀結合，用好奇但平靜的口吻提出來，心裡知道這樣問的原因，也知道傾聽時要注意的地方。

為團隊而問

積極傾聽能帶來好的工作面試，著重於面試者是否合適的要點，例如：互補的經驗、共同的關切、人際技巧、正直態度、工作倫理，以及專業使命感。有經驗的面試官會聽職務相關經歷，留意跟公司文化相契的人格特質，例如：活力、創意、想像力、幽默感與冒險精神。

對運動品牌紐巴倫（New Balance）的執行長吉姆・戴維斯（Jim Davis）而言，重點主要圍繞在團隊合作。吉姆從小愛運動，生性很好強。一九七二年，他買下紐巴倫，員工只有六名，一天出產三十雙鞋。在我們碰面訪談之際，紐巴倫在全球擁有六千多名員工，營收達四十億美元，在一百四十個國家銷售，也還保留美國的生產據點。

吉姆跟我說他向來喜歡傾聽多過說話。他躲避鎂光燈，但很知道自己想要什麼，也知道自己要往何處。他自信而專注地向我解釋，這些年來他有一支信任的團隊，靠他們打造企業王國。在他看來，「這團隊」是公司最重要的資產，而他的招募方式很像大聯盟總教練，尋找非凡的才華，但也思考要把人才用在哪裡，讓他們發揮何種作用，又能對整體帶來何種效應。他會直接問面試者在團隊合作裡的表現。

你的團隊表現怎麼樣？
你怎麼跟著團隊解決問題？

吉姆跟我說，如果面試者太過自我中心或不擅團隊合作，「那就掰啦！」他會認真聽面試者是講「我們」或「我」，因為這些年來他發現這反應做事的方法和態度：「你光靠自己難以成事，更無法長久。」

吉姆在代名詞上講出一個重點。「我」與「我們」的差別確實存在。個人的動力與成就實屬重要，代表過去的表現，有助回答「你能替我們做什麼」的問題，但「我們」也發出一個有力信號，代表對團隊的在乎、重視與尊重，願意分享榮耀，有攜手並進的開放心胸。誰不會想找這種人加入團隊呢？

反問能看出意圖與熱忱

我面試求職者時會留意他們問我的問題，從中得知很多關於他們的資訊。面試時有些最重要的問題是來自求職者。「好奇」與「合適」常一道而來。這些問題反應求職者是否做了功課，用心有多深，好奇與關切之處在哪裡。如果求職者先問待遇、福利或休假，所傳達的訊息是他對工作本身不太感興趣。獵人頭公司合夥人雪莉．史托貝克跟我說，在面試者所提的問題裡，最棒的是展現出他們對這份工作充滿好奇與熱忱。

你們的傳統與宗旨是什麼？
最難改變的是什麼？

辛蒂．霍蘭（Cindy Holland）是網路隨選串流影片公司網飛（Netflix）的內容採購總監，協助推動全球觀看媒體方式的革新，向全球千百萬名觀眾推出許多影集，例如：《女子監獄》（*Orange Is the New Black*）、《紙牌屋》（*House of Cards*）和《毒梟》（*Narcos*）。《紐約時報》的「轉角辦公室」專欄介紹過霍蘭的大小成就與管理風格，她向來在找獨立自主的創意人才，也就是會幫網飛找到下一個熱門節目的人才，有時一開始就把發問權拋給求職者：

你有什麼問題要問我嗎？

霍蘭跟《紐約時報》說，她想知道求職者做過功課，而且有熱忱與好奇：「我想知道他們對什麼感興趣，是從哪裡來，想要做什麼。」她認真傾聽，迅速下判斷：「有些人對這第一個問題答得很好，有些人則完全措手不及，只能答說沒有問題。這不至於讓他們立刻被刷到，但絕對告訴了我一點事情。」

珍・凱斯認為面試者在發問時會展現自信與勇氣。她說有一位面試者逼得很緊，針對凱斯基金會問出一堆問題，甚至讓她不太自在：「她在挑戰我。一部分的我討厭這樣，但另一部分的我高呼：『哇，她就是我們要的人才。』」

妳知道自己是何時發揮影響力的嗎？
妳怎麼確定？
妳是依據什麼來判斷所做事情的價值？

這個面試者追問著基金會所面臨的最難課題，引來一段有關數據、責任與影響力的長長討論。結果她錄取了。珍建議商學院學生在面試時要「勇敢無懼」，而且要問公司會不會給他們發揮創意的空間。

我有什麼這個職位以外的自由揮灑空間？
你希望我在沒被問時，主動跟你講多少東西？
你想對世界有怎樣的影響？
這在你的事業計畫裡排在多前面？

我曾讓一個學生跟我一個事業有成的朋友談，他剛創辦一間很酷的新創公司，在找有潛力的明日之星。那學生在班上表現良好，我想他們會一拍即合。在他們碰面的一週後，我問朋友事情談得如何。

「就老老實實跟你說吧，我們談得很糟。」他說：「那學生很優秀，但她完全不知道我是誰，也不知道我們公司想做什麼。」她似乎不知道我朋友對這領域的貢獻，既沒問他是如何運用過往經驗，也沒問他想把公司帶領到何方。結果她沒得到這份工作。

好的求職者會認真提問，反映良好的準備、充分的了解，以及真正想得到這份工作的渴望。求職者該研究所申請的公司與產業，知道上頭的人物，也知道自己可能碰到的主管或面試官，詢問工作的具體細節、組織目標、過往歷程與當前展望，表露對難題、機會與企業文化的好奇。你問的內容與問法，反應你的知識、興趣與投入，所以你要寫下好問題，有些該是開放式問題，有些要相當具體，然後你以角色扮演方式排練，再想一些後續問題。

你們去年在跟同業的競爭中損失慘重，現在你們正如何因應？

我知道很多東西都轉到線上，這對企業文化造成何種影響？

你認為接下來這五年的最大難題與機會是什麼？

愛迪生的面試

工作面試一直在演化。一九二〇年代，發明大王愛迪生收到一大堆求職信，於是發明了一套有一百四十一題的測驗，協助他找出最佳人選。這些問題由易而難：

法國有哪些鄰國？

聲音每秒可以跑多遠？

說出三種主要的酸類。

九成的求職者沒有通過，這測驗掀起風波。一九二一年五月十一日，《紐約時報》的標題說，「愛迪生測驗掀風波，受測者說只有人體百科才答得了」。不過這測驗無疑刷掉許多求職者。

從愛迪生那時到現在，工作面試經歷轉變。如今企業運用複雜的「預測分析」衡量記憶力、學習力、領導潛能、創新能力與決策能力，有些企業會請面試者用通訊軟體 Skype 錄下回答。不過談到衡量合適程度，談到替吉姆的團隊找對人選，重點還是在面對面互動，由所問的問題來展開。

想做點練習嗎？你可以試試約會網站 eHarmony 上的問題。我是認真的。這些問題代表一種浪漫工作的面試，共有超過一百題，意在反應基本特質與私下怪癖。

哪些形容詞能形容你？

你怎麼替你的情緒打分數？

你跟人相處時感覺比較好嗎？

我不是在建議靠線上約會網站僱人，但這些問題在問你是何人、想往何處，以及如何描述自己，設計宗旨就是讓渴愛男女展現自己是怎樣的人。這些是求職面試很好的練習題目！

比如這個問題人人都該回答：

你在找資訊時會用問的嗎？

第10章

有趣型提問

使對話有滋味，熱絡交流
並認識彼此

ask more

當脫口秀主持人很好玩。你會遇到有趣的人，問他們的工作與生活，挖掘他們的過去，叫他們講人生故事，要他們講得私密一點，考驗他們的能耐，找出有趣的地方。你可以深思，也可以強硬，問來賓為什麼做出某件事。主題由你訂，隨便你做主，這是你的秀，是你的地盤。

但即使你沒有脫口秀，離攝影機很遠，依然能當巧妙引導話題的主持人，讓來賓激動，讓觀眾沸騰。你可以在吃晚餐時這樣，在工作上這樣，在社交上這樣，跟朋友相處上這樣，設定主題，營造氣氛，拋出想法，出其不意的打動人心，像是大指揮家憑提問製造高潮，搏得連聲喝采。

有趣型問題使觀眾熱情投入，使對話有聲有色，人人樂在其中。你可以威嚴或迷人，可以有趣或不按牌理出牌，但目標始終是讓客人樂在其中與印象深刻。你要向大廚用調味料那樣：手法細微，但一心帶出餐點的美味。基本調味料有哪些呢？

● **了解觀眾**。你在跟誰說話？他們做過什麼？他們去過哪裡，在乎什麼？你要挑選人人感興趣的問題。

- **創意思考，謹慎選擇**。從各種話題與問題中做挑選，創造熱絡而獨特的時刻。話題可以是運動或政治，釣魚或划船，完全取決於你，但你選的各個主題要能從不同層面讓大家參與其中，就像餐點一樣：有美味與配色，兼顧蔬菜與蛋白質。
- **設定氣氛與主旋律**。搞笑或嚴肅？激昂或沉穩？靠信號、暗示和字詞適時設定氣氛。
- **激發情緒**。靠所選的話題與問題激發情緒。要認真或尖刻？有趣或輕浮？隨你決定。

我發現如果我在一開始先說些出乎意料的話，往往能收破冰之效，換來一個微笑，氣氛變得比較放鬆，談話也會比較真實。

那時我在喬治華盛頓大學主持對談系列講座，在臺上和眾議院前議長兼少數黨領袖南西・裴洛西（Nancy Pelosi）對談。我先前訪談過她，還算滿了解她，有很多議題想問，如政治、經濟、氣候變遷與華府的種種奇怪做法。在我做準備時，曾被委婉警告裴洛西容易講得長篇大論，有時稍微離題。這不是我要的。我要的是真誠對話，談及諸多議題，呈現政治上與私底下的她，請她談這國家兩極化的政治對壘，談她能怎麼改變這現況，而最主要的是我希望她能臨場反應，跟我和觀眾聊開來。

我決定在開場時問她是否願意玩一個小遊戲。

她眼露狐疑看著我，小心翼翼地說：「都可以。」

我說：「好，我會說一個名字或主題，妳給我一個詞當作回答。」

「我也能這樣問你嗎？」她笑問。

「當然！」我說。觀眾笑了，相當期待。

裴洛西身子往前傾，面露專注，不確定事情會如何發展。我無意讓她難堪或尷尬，只是想炒熱氣氛，替談話帶出更多自然反應。

就在前一天晚上，裴洛西站在前頭支持一個很大的預算案。那是共和黨眾議院院長約翰·貝納（John Boehner）退休前最後的案子，獲得共和黨和民主黨一致支持，這在華府很少見。裴洛西也替他爭取支持。我就從這開始。

「預算案？」我問。

「萬歲。」她露出驕傲的笑容。

總統大選正如火如荼，共和黨派出意外的候選人。我提起他的名字。

「唐納・川普？」我問。

「作秀。」她咧嘴一笑。

放眼海外，俄羅斯總統普丁正在部屬軍隊，磨刀霍霍。

「俄羅斯？」

「小心。」她臉沉下來。

接下來，我想往稅金的方向問，因為民主黨長年為大政府說話，對手陣營說他們是愛加稅的自由派，把稅金拿去救濟遊手好閒的傢伙。

「收稅？」

裴洛西思索一下。「投資。」

民主黨想調高稅率以支應許多政府計畫，這兩個字準確抓住他們的想法。不到一分鐘裡；靠一套很省時的問答，我們觸及許多議題。這個小遊戲開啟我們的對談，帶來陣陣笑聲，沒有長篇大論，讓臺上的氣氛變得輕鬆，替裴洛西設定情緒，鼓勵她臨場應變，也讓她知道我接下來會怎麼進行。我想她滿樂在其中。觀眾想必也樂在其中，畢竟方才陣陣哄堂大笑，而且這些提問觸及他們最近在新聞上看到的各種議題。

憑這種氣氛設定型問題開場有助讓對方願意侃侃而談，設定對話的步調與基調。你要思考你想談的內容與方式，考量來賓的個性，然後構思問題與預測答法，既能選擇激發創意，也能選擇鼓勵慎思，這是你的一場秀。

你會買特斯拉的電動車嗎？

你碰過最激勵人心的人是誰，解釋一下理由吧？

設定氣氛與調性

談到主持，我從沒碰過有誰像是克里斯多福・施羅德（Christopher Schroeder）。他是企業家、是投資人、是數位先驅，在《華盛頓郵報》網站上線早期擔任負責人，還投資過一個健康相關網站，業績蒸蒸日上，後來賣出賺了一大筆錢。如今他到世界各地跟正重新定義科技與全球化的年輕企業家見面，寫過一本書。

克里斯多福堪稱提問機器。他回憶兒時常跟在義大利裔的祖母身邊，看她做菜，聞著義大利麵、肉、洋蔥、大蒜、香料與香草的香味，猛問她有關料理與家裡的事情。這裡面有加什麼？這怎麼煮的？這從哪裡來的？他們是從哪裡來的？

自從我認識克里斯多福之後，他總是這個樣子，一直東問西問，打破砂鍋問到底，問個人、點子、事件與周遭的一切。他也很關心他人，如同磁鐵，很多人找他尋求建議，因為他會認真傾聽，一直問著機會、障礙、弱點與權衡。

克里斯多福有無窮的好奇，有無數的點子。在他的著作《新創崛起》（*Startup Rising*）裡，他說擁抱科技與革新的中東年輕人指日可待，最終能替當地帶來正面的大轉變。儘管紛擾不休，他相信二十一世紀的年輕創新者正努力奮戰，會把歷史帶向知識與進步。他是個堅定的樂觀主義者。

克里斯多福和妻子珊蒂每月辦兩場晚餐聚會。他多半穿藍色牛仔褲，休閒打扮，頂著哈佛學歷，興趣相當廣泛，從美食、運動、科技到外交政策無所不通，繼承祖母對烹飪的熱愛，替客人獻上義大利麵、美酒、各種私房料理與新鮮點子，整個聚會介於料理節目《頂尖主廚大對決》與訪談節目《與媒體見面》之間。那天晚上有新鮮的番茄培根義大利麵，有薄荷燉羊肉，還有四支義大利紅酒，克里斯多福在二十四小時之前寄電子郵件給所有來賓說：「你們當中許多人都問是否能帶東西過來，答案是不行，不過如果你們想品嘗一下美酒的話，記得要帶手機好叫 Uber。」

信中，他還提出三個問題，叫我們想想看：

現在你的世界裡有什麼事物讓你非常驚奇？

或者有什麼在你的世界很平常，在其他人看來卻很特別？

等喝到第三支酒……我們也許會想出該怎麼拯救整個世界……

那個週六晚上，五對夫妻來到克里斯多福家，受到非常溫暖的歡迎。他和珊蒂替我們介紹彼此，有些客人先前從未見過。大家閒話家常一下，然後來到飯廳迎接主戲。

讓議題觸及更多人的生活

克里斯多福替大家上菜。珊蒂樂於讓他主持這一場秀。他們十來歲的兒子在一旁幫忙倒水和倒酒，四處打理留意。大家上座後，克里斯多福開始當起主持人，首先說出一個觀察，然後是一連串提問。他為出書走遍各地，造訪我們大多沒去過的地方，剛剛才從伊朗回來。自從一九七九年伊朗革命分子攻占德黑蘭的美國大使館並挾持多名人質，伊朗就常占據美國的新聞版面，影響美國的外交政策。不過現在呢？克里斯多福說他遇到一群新世代的年輕創新者，他們充滿抱負，亟欲大顯身手，抱持叛逆思想，渴望改變伊朗。這些企業家比以前更密切交流，也更有力量，靠科技與網路聯合有志一同的年輕人。克里斯多福看他們透過網路跟全球的企業家與創新者攜手合作，只要一支智慧型手機在手，地域與文化完全局限不了他們。克里斯多福說有一個年輕女子正在替她的軟體新創公司募資，想把點子推到市場上，而像她這樣的創業者有好幾千個。

雖然我們統統沒去過伊朗，但克里斯多福拋出幾個我們都能思考的問題。

> 由衛星電視、網際網路與智慧型手機連結在一起的年輕人會怎麼促成改變？
> 他們能帶來多大的顛覆力量？

任何政府有辦法左右這樣一個全球串聯的年輕世代嗎？如果伊斯蘭神學家面對千禧世代的質疑，情況會如何？美國與世界要如何回應？

大家熱烈討論起來。

「政府會建起更好的防火牆。」其中一位預測。「那些年輕人會想出方法繞過。」另一位說。「政府追不上科技與年輕人的腳步。」第三位說。「什葉派獨裁者仍把持那個國家。」「外界該退到一旁，靜觀其變。年輕世代已經創造了一個平行宇宙，不理會討厭的勢力。來自內部的改變避無可避。」「太冒險了，強硬派不會坐視不管。」

大家儘管不見得清楚伊朗的狀況，但紛紛發表意見，原因在於克里斯多福的提問不只觸及伊朗政治，也觸及年輕人、科技、通訊與改變的歷程等普世主題，讓大家想怎麼講就講。他選了一個關心的議題，把題目訂得淺顯易談且貼近現實。多數人不會談到伊朗，但誰不曾想過智慧型手機與社群媒體在年輕人手中的力量，不曾想過世界可能因此有何改變？

佳餚可口，杯觥交錯，大家熱烈討論。克里斯多福有時改變話題方向，有時請客人提出截然不同的議題，大家也臨場反應。

「學校現在不教拿筆寫字了。」一對年輕夫婦說起最近的驚人發現：「草寫體會變成失傳的藝術。」

這可以引發下列的疑問：

如果沒人再學動手寫字，我們會失去什麼？

雙手、頭腦與創意之間有什麼關連？

其中一位最近讀到的文章說，寫字會影響閱讀、寫作與語言學習。好幾位旋即聊起相關物品，像是紙筆、紙本和實體書。我們都從各自的角度加入討論，見解略有不同，但最後大家都同意寫字練習看似無需動腦，實則有其意義，迫使我們放慢下來，好好寫出一筆一劃，在高速飛轉的數位時代下，這大概是歷久彌新的寶貴禮物。

有趣的提問能炒熱氣氛

現在吃甜點的時間到了，輪到要討論昨夜克里斯多福那封電子郵件上的提問。

最近有什麼特別事物讓你驚奇？

我們全都想好各種答案。給身障人士的新科技，其中一位說。無人機，另一位說。不過激起大家討論的是普雷迪普的回答：冷氣。

沒錯，普雷迪普說。最近他到印度南部的泰米爾納德省，造訪祖先的村落。他在那裡出生，待到六歲左右，然後跟父母移民美國。那村子很小，窮鄉僻壤，住著約一萬人。幾條街道穿過村裡，經過大神廟一帶，其中一條通往河邊。數世紀以來，村中經濟圍繞著米、香蕉和芒果。村裡綠意盎然，但向來以恐怖高溫著稱，時常超過三十七度。

「我記得在小時候，一天有很多時候不能出去。」普雷迪普說：「家裡也許還有電扇，外面則是三十七度，你什麼也不能做。」

普雷迪普到大學時期都還定期回去，但在最近這一次之前，已經有十五年沒回去了。這一次，他赫然發現當地變化甚大，多出許多馬路、汽車、建築與智慧型手機。而促成這改變的不甚特別玩意兒是冷氣。冷氣代表這地方可以適合居住，環境可以改變。現在有涼快地方供人工作、讀書和消磨時間。他跟我們說，沒錯，冷氣在我們視為理所當然，卻讓那村子變得適宜人居，揮別過去幾千年來幾乎未變的生活方式。沒錯，那裡仍有貧窮，但正在改頭換面，邁向現代化，愈來愈不是孤絕的窮鄉僻壤。

普雷迪普的故事讓我們聽得津津有味，出於親身經歷，顯得歷歷在目，其中蘊含啟示。我們沒人去過那裡，卻看見那裡居民生活的進步，感受到他驚人的發現，關心起那個小村子，而且——沒錯——關心起冷氣。

那個晚上我們享用美味食物，經過精采對談，結交了新朋友。克里斯多福是很有兩把刷子的主持人，提出各個點子與問題，激發大家的熱烈討論，把我們帶到世界各地，每個人都侃侃而談。克里斯多福讓晚餐聚會變得別具意義。

主持人的提問策略

好主持人一向精神抖擻，專注傾聽，對來賓與話題很感興趣，對各種人事物與新點子抱持好奇。吉米・法倫（Jimmy Fallon）、艾倫・狄珍妮（Ellen DeGeneres）、安德森・庫柏和泰瑞・葛蘿絲自己就是名人，但第一職責是引導別人侃侃而談，讓來賓顯得精采有趣，在他們的帶領下說出嶄新點子或有趣經歷。

如果你要擔任主持人，自然得做好準備，想好主持策略。如果你要一個自在開心之夜，那就準備一些有關日常趣事的題目，採用開放式問題的形式，話題可以是新餐廳、地區足球隊或李奧納多的新片。如果你想確保大家參與討論，不妨讓提問附帶一個挑戰：每個人都只能以一句話回答問題。

> 你希望大家知道有關你的哪一件事？
>
> 如果你可以立刻跑到任何一個國家享用晚餐，你會去哪裡吃什麼？

摩洛哥的塔吉鍋？越南的河粉？肯亞的烏伽藜糕？聽起來很酷。味道嘗起來怎麼樣？是怎麼做的？你真的去過那裡嗎？現在你讓大家都在流口水，幻想翩翩，一個個成了美食節目主持人安東尼・波登（Anthony Bourdain）！

你可以運用「領導對話」讓大家熱絡交談。這可以是在晚餐上，在海灘上，在遊戲裡，在辦公室裡。幾個精準提問能激發交談。你問得愈多，得到愈多，一道道菜由你端上來。

食譜上的材料皆備，只需要一點準備。首先，先提幾個你知道大家都感興趣的話題，穿插進幾個出乎意料的主題，點綴幾個開放式問題，不妨專注傾聽。

你朋友剛從非洲南部回來，這是她第一次到那裡。她造訪風景名勝，去了羅本島，去了維多利亞大瀑布。你的提問一如她的旅程，豐富多采，涵蓋不同面向。

妳看到什麼？

有什麼驚奇的地方？

這趟旅程對妳有什麼影響？

黛莉亞在食物銀行當志工，強烈關注市政府想蓋的遊民收容所。有些市民認為這很必要，有些市民認為會有更多遊民。你問黛莉亞在食物銀行的親身經歷，請她說一說對這爭議議題的看法。

我們對遊民有什麼責任？

社區呢？

妳認識的遊民怎麼看待這議題？

約翰熱愛在洛磯山脈露營，曾獨自待了兩週。

為什麼要自己一個人去？

麋鹿會來跟你搶晚餐嗎？

在那種孤獨時刻，你在想些什麼？

問不同層次的經歷與體會，決定要如何談得多遠，先從開放式問題開始，然後再請對方舉例，鼓勵對方說出整段故事，替反思、幽默與情緒留些空間。

跟蘇格拉底共進晚餐

如果你想玩終極的提問遊戲，讓朋友和家人挑戰既定想法，不妨邀請蘇格拉底共進晚餐。蘇格拉底既是哲學家也是老師，在二千四百年前向學生提出種種知名問題，一題一題至今依然能引發爭論。你不會像他那樣被迫喝下毒酒，但請準備好讓來賓質疑他們的知識與假設，挑戰他們各種觀念的核心。

蘇格拉底憑提問從各個角度探索問題，質疑某個基本假定或價值觀，激發批判思考，直探概念的核心。這方法時常以問題來回答問題，挑戰既定想法，追尋知識或理解，探求真理與意義，把每個答案拿到強光下檢驗，出聲質問：「我們怎麼知道？」

跟蘇格拉底共進晚餐不是為了鞏固信仰，畢竟蘇格拉底可是毫不留情。他質疑學生的基本假設與討論用語，挑戰假設背後的理據，叫他們思考不同的觀點，然後問這個觀點是來自何處又有何依據。在他眼中，凡事皆非理所當然。

當克里斯多福的晚餐討論會談起華府的政治僵局與衝突，蘇格拉底也許會很想加入討論。一位客人抱怨起美國政府做事之慢，要是不快點加緊腳步，會在這腳步匆匆的世界裡繼續落後。然而隨後另一個客人說這種「緩慢」要歸功於建國元勳的遠見，根植於我們的體系，反應審慎與制衡，避免衝動魯莽與過度反應。另外一個人說，這樣講沒錯，但這也害我們跟不上競爭腳步。接著另一個問題浮現：真有人想要「快速」嗎？「快速」和「效率」有什麼不同嗎？為什麼我們無法有效率呢？

如果蘇格拉底在場，我們也許還在討論。他也許會說，別停，我們來討論「慢速政府」。

慢是什麼意思？根據誰的說法？有何根據？

你能舉個例子嗎？這樣是好或壞？為什麼？有更好的方式嗎？

優缺點在哪裡？後果呢？這是一種美德嗎？

話說何謂美德？更好？對誰更好？

我們一開始為什麼要探討這個問題？

你可以看得出來為什麼很多人討厭這傢伙，但他卻能讓討論持續進行。雖然有點風險，我們仍能邀蘇格拉底更常參與有關棘手問題與艱難決定的討論。當有主持人叫我們打開心胸，質疑基本假設，我們會獲益良多。

問出歡笑

請別認為每次我跟親朋好友吃飯都像是一場嚴肅訪談或智性追尋。好主持人會靠提問製造趣味，逗人發笑。

不久前，我和妹妹茱莉亞到加州拜訪父親與繼母艾莉絲。父親年近九十，仍每天進辦公室，每週上健身房兩次，狀況看起來很好，依然熱中於享受人生。我們吃開胃菜時，艾莉絲建議大家玩一個父親喜歡的遊戲。她會問「評比」問題，例如：

以一到十分來說，有錢的重要度是幾分？

你希望朋友有哪三個優點？

你喜歡哪三件樂事？

艾莉絲說她問過父親最後這個問題，想決定買什麼父親節禮物送他，結果他回答：錢、衣服……和性愛。我們一時之間不知該說什麼。我可沒想過要跟九十歲的老父討論性愛。幸好總是很會說笑的艾莉絲接著跟我們說，父親的答案讓她大有靈感，替他買了一件昂貴襯衫，加上高價巧克力。名牌襯衫符合錢跟衣服，那盒 Godiva 巧克力則代表性愛，畢竟商標上的戈蒂娃夫人（Lady Godiva）可是在全裸騎馬呢。我們為艾莉絲的天才笑了出來，原來年老能這樣帶來隨心所欲說話（及購買）的自由。

接著她轉頭對我們說：「好啦，你們喜歡哪三件樂事呢？」突然間我們走向新的方向，舉出喜歡的消遣與嗜好，有些比較輕鬆，例如：林中漫步或玩水，還有些比較嚴肅，例如改變世界與幫助他人。

幸好 Godiva 巧克力和性愛的話題沒再出現，但這樣圍坐在父親的桌旁聊天，在這個他居住超過四十載的屋子裡，每分每秒總是彌足珍貴，我們說說笑笑，發揮創意，講著好笑的問題。

用問題找到交集點

無論是蘇格拉底或影集《歡樂單身派對》的主角辛菲爾德跟你共進晚餐，你都可以創造賓至如歸的難忘經驗。大家既享受美食，也享受討論。你的主持如同餐點，都需要一點準備，但只要照食譜一步一步走就不成問題。

首先從最重要的材料開始：人。在場的朋友、家人、同事、學生或熟人也許彼此相識，也許不曾認識，所以你該找出共同的交集或興趣。我訪談時會先問：觀眾是誰？他們知道什麼？他們不懂什麼？他們在乎什麼？他們會覺得什麼有趣好玩，原因又是什麼？我愈了解現場的人，愈能引導討論。以下整理出幾個主持人該注意的重點。

- **問出問題，別給答案**。好主持人當然會參與討論，但基本上都是帶動別人多說。目標是引導討論，不是主宰討論。留意是誰在說話，誰則沒說。引導問題，讓每個人有機會開口。不過也得體認到有些人偏好聆聽，所以要仔細留意他們的信號，聽出他們的不願，尊重這種個人差異。
- **混合不同問題**。你可以談嚴肅主題，也可以談小菜一疊的輕鬆話題。題目可以關乎鄰里，可以關乎世界。出色的脫口秀主持人會切換不同主題與情緒，讓討論持續進展，多變而有趣。
- **持續留意地雷**。我訪談時會留意地雷。我喜歡正面辯論，這是記者之責，但過去的經歷也教會我，好主持人要尋找地下的礦脈，所以我才會發現印度的村落，發現父親的趣事。然而某些主題有時最好避開，政治、宗教與金錢等議題有時能帶來啟發，有時卻會爆炸。你要了解差異，慎重處理。
- **尋求意義**。在這邊要注意，否則你在別人眼中不是很酷炫的主持人，而是很無聊的老教授。你可以選幾乎任何話題，深入探索，但別搞得太沉重，像在談公事。在談棒球？沒錯，各隊名次很重要，但另一方面來說，要不要探討看看，下一代的注意力很難長時間集中，只適合傳簡訊和玩六秒小遊戲，棒球這種長達三小時共九局的冗長比賽怎麼能繼續在全國廣受歡迎？

我們從來沒請蘇格拉底加入克里斯多福的週六晚餐討論會，也沒有必要。我們原本就已經非常樂在其中，互相混熟，你問我答，聊著各種有趣型問題，快樂開心，順道檢視人生。

第11章

遺產型提問

梳理生命重要事物的順序，檢視成就

ask more

「把我撒在風中，不然就帶去巴黎。」

當我問母親希望我們在她過世後要怎麼處理骨灰，她給出這個回答。四年來，她對抗癌症病魔，但當終點到來，實在來得很急，於是我們來到這裡，在她身旁交談著，而我提出這個話題。

母親沒為自己做打算。沒交代儀式，沒討論時間與方式。那時我覺得她對未來心裡有數，能回答這問題，於是我問了。妳希望我們怎麼怎麼處理妳的骨灰？她聳一聳肩，講出巴黎那句話。時至今日，我仍能清楚聽見她說這句話的聲音。母親年輕時去過巴黎，很喜歡，卻未曾再踏足那裡，所以那始終是一段青春的冒險，自外於人生其他時候的種種壓力。

我跟她說會盡力做到。我想像我也許前往艾菲爾鐵塔，也許走過左岸的小商販，想替她完成遺願，卻被警察依亂丟垃圾罪名逮捕。我花了些時間，找到普羅旺斯的一處美麗森林，從那裡能俯瞰古老村落與葡萄園。我把部分骨灰埋在一棵雪松樹下，拍張照，回想她的一生。她會永遠留在法國。

我們沒有最後的病榻告別，聽她回顧一生，交代遺言。我們沒有說些「謝謝你」、「我愛你」、「在另一個世界再相會」之類的談話。這不是她的風格。我不認為她想面對死亡，我也不想勉強她。後來回想，那是我的錯。我們該談一談才對，當中毫無勉強。

妳這輩子最引以為傲的是什麼事情？

妳希望我把妳的哪件事告訴我的孫子？

真奇怪，身為主播的我竟然問不出這幾個開頭的問題。我大概知道她會說什麼，卻永遠無從確認。但願我曾聽她親口說出答案。我所需要的只是問出口。

尋求人生解釋

我把這稱為遺產型問題。這些問題在問我們此生成就了什麼，改變了什麼，追尋了什麼，關乎意義、精神、啟示、感激、懊悔、他人與目標。我們多數人在人生路上會想這些問題，尤其在人生暮年，回頭檢視人生，思考這一切有何意義，思考我們替世界帶來何種改變。不過遺產型問題也能讓我們一路把人生走得更穩當，替現在帶來意義，替未來賦予解釋。透過及早多問這些問題，我們可以多方檢視人生，設法尋得平衡。

我成就了什麼？

我希望別人怎麼記得我？

綜觀這本書，我從自己的記者生涯與長年提問中擷取例子與心得，探討如何尋求答案，如何擬定計畫，如何向原本不肯透露的人問出資訊，如何激發創意，如何解開人類與世界的謎團。遺產型問題不同。無論你是拿來問自己或別人，這些問題喚起反思與解答，尋求解釋人生，也許形而上。無論你是真想留下什麼遺產，或只是思索人生意義，遺產型問題都會問到意義與感謝，問到錯誤與逆境。

你藉此從人生終點往回看，深獲啟發。

為什麼我沒問？

母親一直很堅強求生，許多大蕭條時代的孩子都是這樣。一九二九年，經濟陷入大蕭條，他們家幾乎失去一切，變得一無所有。在大蕭條的最初幾年，正值母親步入青少年時期，他們一家被迫到處搬家，甚至一度必須分開，她跟她母親和親戚住在費城，她父親留在紐約找工作。最後他終於覓得一職，一家重新團聚，但經濟依舊拮据，工作並不穩定。她母親也去工作，在居留之家服務，但不久後離開人世，大概是死於闌尾炎，那時母親才十六歲。

母親仍在紐約讀完公立高中，在率直的嬸嬸鼓勵下進了大學。在一九三八年那時候，這可不是一般女生會做的選擇。不過讀大學逃不開這一切。在她讀大學期間，珍珠港事件撼動全球，美國捲入二戰之中。她剛畢業不久，擔任軍醫的未婚夫發現自己長了腦瘤。兩人還來不及成婚，他就過世了。我想母親一輩子沒走出來。巴黎之旅是一次難得的逃開。

母親當上社工，週薪三十五美元。她遇見我父親，結為連理，但兩人不管背景、個性、想法都天差地遠。母親家好幾代都是美國人，受過良好教育，頗有身分地位；父親是第一代移民，貧窮清苦，幾乎不識字。她在眾多楷模之間長大，他則一路自行摸索。她講話率直，他還沒找到自己。

母親生了三個孩子，第二個孩子蘿拉出生在趕往醫院的計程車上，是早產兒，而且有唐氏症。那些年來，她成為他們之間另一個衝突的原因。我父母的婚姻結束得很痛苦難堪。

她的人生絕少平靜，從不安定。但母親始終是個鬥士，對抗她口中的「體系」，好讓蘿拉得到教育與獨立人生。雖然她以孩子為傲，卻總找地方挑剔，有時很嚴格。她總是心思敏捷，頭腦飛轉，有古怪的幽默感，愛罵我們聽了會皺眉的髒字。「王八蛋！」她會在前面駕駛轉彎太慢時大罵。「智障。」她在發現藥局弄錯藥時咒罵。

母親和我會激烈爭吵，但也能坐在一起大聊世界或人性，一連聊上好幾個小時。她對事事都有看法。在她生命的最後時刻，我和最小的妹妹茱莉亞陪在一旁。凌晨兩點半，醫院護士進來幫她稍微翻身，她睜開眼睛說：「好平靜。」這是她所說的最後一句話。

幾天後，我回醫院向醫護人員致謝，問社工有多少人能在最後日子把話說開來，談對彼此人生的影響；有多少人會講過去學到什麼啟示，化解某些遺憾，歡慶這一生的故事？

「不太多。」她說：「不太多。」

什麼事對你是有意義的？

母親過世沒多久，出於完全的巧合，美國安寧療護基金會找我錄製臨終照護的推廣教育課程影片，我一聽立刻答應。影片內容包括訪談臨床醫師、安寧療護人員、內科醫師、社工與關懷服務人員，請他們談相關研究或實際經歷。

我訪談這些抱持無比愛心的專家，發現一個共同點，那就是他們出奇擅長傾聽與提問。他們顯然把人生當作一段旅程，死亡是無從避免的終點，告訴我怎麼靠對談幫助患者或家屬面對哀傷，但仍欣賞生命，找到自己的故事——即遺產。提問是一種治療工具。這樣問他們的恐懼、擔憂、生活品質與過往成就，往往讓他們深切反思人生。

極令我印象深刻的一位是猶太拉比蓋瑞・芬克（Gary Fink），他每天都面對種種艱難問題。他是馬里蘭州蒙哥馬利郡的關懷服務師，講話輕聲細語，留著斑白鬍子，面對各種宗教信仰的人，有些是從信仰獲得安慰，有些完全不信任何宗教，有些創出自己的神，有些則聽天由命。

蓋瑞從不評斷，從不反駁，從不問患者是否信神，而是問他們：

> 什麼事對你是有意義的？

蓋瑞說答案反映人生經歷的多樣：信仰、家人、我為學校做的事、我為盲人做的事。

在人生的這個時候，什麼事情讓你覺得有意義？

蓋瑞從不同人口中聽到類似答案：向人道謝、回饋、確保家人能沒事、知道我的孩子很順利、思索人生意義。

蓋瑞的目標是讓他們多說話，以便檢視他們的人生，找到當中的意義。他自有一套問題問他們。

是什麼讓人感覺有勁？

為什麼世界是這個樣子？

他的病患面對死亡，試圖理解死亡，對他提出不少問題，而他都深切思索過。

我的肉體會發生什麼事？

我能彌補之前所做的事嗎？

我能尋得和解嗎？

那天我開車到蓋瑞的辦公室。那是一棟平凡無奇的磚造矮樓，像是市郊的小商場，只是裡面的牆上貼著小孩和老人的各種圖畫、對人員的感謝信，以及對愛人的深情告白。我想多聽一聽別人問他的問題，還有他問別人的問題。

蓋瑞說有些問題只關乎當下，有很實際的答案。

我能避免疼痛嗎？

有些問題並不容易，涉及不可知的部分。

為什麼上帝生我的氣？

之後我會怎麼樣？

為什麼上帝動作這麼慢？

蓋瑞常用他自己的一個問題來反問：「你覺得上帝可能在想什麼？」或是：「你問這個問題時在想什麼？」他們通常會跟他繼續談，後來講起自己的故事。他解釋說：「我協助他們講出自己的故事，每一個都獨一無二，每一個都非常重要。意義就在所有這些故事裡。」

蓋瑞問他們的成就與失敗，問他們遇過的人，問他們留下的影響。有時會聊到宗教，有時則不會。他不傳教或評斷。此外，他會找病患的親友加入，一起跟病患編織故事。

你覺得你會最想念什麼？

因為你認識了這個人，現在你擁有什麼無形的禮物？

蓋瑞認為妥善說出的生命故事能捕捉人生的影響與意義，但不是所有故事都有快樂結局，不是所有人生都有清楚解答。有些回答帶著歉疚與哀傷，有些人生終局帶著憤怒與淒苦。蓋瑞傾聽著種種違背的承諾、未竟的夢想、受傷的感情——全為人生故事無可避免的部分。他要病患與家人面對悲傷，毫不遲疑的提問，鼓勵如下的對話：

「妳不會想念妳媽的哪些事情？」

「我媽太嚴了，很尖銳，會說些很糟糕的話。」

「妳有從中學到什麼嗎？」

「我發誓絕對不這樣對我的孩子。要壓下脾氣，有耐心地教導他們。」

「還有嗎……？」

「如果我發現自己情緒失控或很火大，就會回想當初我媽這樣對我的時候是什麼感覺？」

「然後呢？」

「我克制下來。」

「每次都有效？」

「幾乎。」

「而且是因為妳媽的緣故？」

「對。」

「這讓妳成為一個更小心的媽媽？」

「我想是吧。」

逆境的記憶能讓一家人更堅強。正確觀之，其中帶有慰藉。蓋瑞說：「然後你就把負擔轉成了祝福。」

提問指南

診斷型提問

你得先知道問題是什麼才有辦法解決，弄對，你就繼續走；弄錯，你就糟糕了，可能得面臨慘重後果。診斷型提問有助在許多層面準確找出問題，如同分辨疾病的症狀。大處著手，再縮小範圍。描述、比較、量化，聽出細節與模式。最簡單的方式就是開放式問答。

出了什麼事？

問題在哪裡？

第一步是問哪裡出了錯。提出概括的開放式問題，要求對疑難雜症的描述，如看起來、聽起來、感覺起來是怎樣。出現為何時、何處與何貌。問一問是什麼似乎使問題變得更好或更糟。採用現在式時態的提問，獲得從所有角度對問題的準確充分描述。接下來有幾個技巧能更快找出問題核心。

過往狀況 問題是何時開始？問題有何種變化？每次變化有何異同？過往狀況會重演，要從中學習，尋找異同與模式，詢問先前碰到問題的經驗，第一次是何時發現，每次的問題有無變化，先前以何種方式設法處理。詢問狀況是否愈變愈糟，在哪些方面變糟。詢問過往處理方式的成效好壞。比對過往與現在，從過往了解現在。這類提問靠過往狀況深入了解問題發生的情況與後果。

抽絲剝繭 我們忽略了什麼？現在你知道目前與過去的狀況，接著要深究問題，找出忽略之處。還有什麼是造成問題的可能原因？背後是否有卑劣祕密、陰謀詭計、糟糕錯誤或無心之過，導致情形每況愈下？近路是否變成短路？從這些問題揪出底下的錯誤，發現錯失的信號。

驗證提問 你確定嗎？你怎麼知道？你確定這資訊正確無誤嗎？當你的診斷有了結果，再來得確認是否正確。反覆查證資訊的來源，確認對方是有憑有據或別有用心。他們是什麼資歷？他們的過往記錄如何？詢問他們的推演過程與立論根據。考量第二種見解。這些有助了解判斷的根本，你能更相信自己的判斷無誤。現在你可以著手處理了。

再次提問 在醫學領域，醫生與研究人員發展出許多讓患者開口詳述症狀的技巧。醫護人員把症狀與模式連結到知識與經驗，得以診斷出問題，不然也能安排合適的檢測，朝問題診斷更進一步。這一套（包含描述、比對、量化與連結）可以應用於任何你要決定對錯與原因的狀況。你要問得清楚，問超過一次，持續問下去。

傾聽 提出診斷型問題時，應認真傾聽對問題與症狀的描述，仔細留意問題發生的地方與時間，留意可能的關連或原因，聽取背後的模式，仔細注意哪些行動使問題變好或變壞。

練習 跟身體不舒服的家人聊一聊。先從開放式問題開始，再縮小範圍。哪裡會痛？以一分到十分來講，到底有多痛？你做什麼可以緩和疼痛？還是加劇？跟先前的類似疼痛比起來怎麼樣？如果你能保持專注問下去，你會更能集中精神，找出問題的根源。

提問指南

策略型提問

你也許正準備做一個會影響人生、工作或社區的重大決定，也許在考慮是否要做一件得投入許多時間、資源和精力的事情，也許未來唯恐碰上麻煩，這時策略型問題有助後退一步，看見大局，詢問長期的目標、利益與輕重緩急，考量後果、風險與替代方案，把注意力集中在更大的目標或更高的使命，釐清到底要付出什麼才能抵達那裡。通常這會從大問題下手，從最高處看事情。

你想怎麼做？為什麼？

這能帶來何種不同？

牛津字典對「策略」（strategic）的解釋是「檢視長程或總體的目標、利益與所費工夫。」你要詢問每個人是否準備好進行策略型思考。詢問任務內容：什麼正在進行，正遇到什麼危機，什麼才是長遠的策略目標？

代價與後果 你要怎麼達成目標？得付什麼代價？缺點是什麼？既然你界定了目標，那就要問後果。這會怎麼影響公司、獲利、組織形象、個人快樂或實際活動？問題務求具體。代價是什麼？根據時間、資源與目標，思考你的計畫是怎麼把策略目標轉化為實際行動與成果。思考你成功的話要幫誰。

權衡取捨 缺點是什麼？風險是什麼？你有哪裡未想完整？任何重大決定都涉及權衡：你賺的錢可以變多，但自由時間會變少；你可以解決獲利問題，卻得縮編裁員；你可以解放國家，卻得以人命傷亡為代價。取捨型問題單刀直入（有時顯得挑釁）的詢問風險與缺點，要人在沒得計算時衡量利弊，挑戰團體迷思、傳統定見與個人偏見，如同策略型提問中的保險絲。

替代方案 你有何種選擇？有另一條路嗎？你要思考是否有能帶來同樣結果的選項。把策略目標時時放在心中，找出是否有降低代價或提高勝算的其他策略，檢視是否有別種方法或時程能把風險與犧牲減至最小。

定義成功 你怎麼知道何時算是成功了？成功長什麼樣子？你要如何衡量？所有出色的指揮官會不斷追問「最終狀態」。所謂「任務完成」到底是什麼樣子？他們要問成功是什麼模樣，又要付出什麼代價。答案務必清楚明白，眾所理解，廣獲認同。這些問題是策略型思維的基石，指引出方向，帶來視野，說出願景。

傾聽 歡迎各式各樣的觀點與提問，仔細傾聽是否有意料之外的障礙或風險，是否有需要額外考量的地方，恭維與贊同之下是否暗藏問題或擔憂，別人是否其實並不了解目的、任務或目標。這有助你判斷是訊息該傳達得更清楚，還是策略本身需要三思後行。

練習 跟一組人說出你的重大計畫，解釋背後原由，請大家挑戰你的邏輯與策略。你不僅要回答問題，還要提出更多問題，自述想法及提問的時間要限制在占三〇%，讓你聽別人講的時間達到七〇%。

提問指南

同理型提問

同理型問題著重情感，探索內心的答案，了解對方思考、害怕、傷感或激動的原因。這類問題助人把內心攤開來在別人面前，甚至在自己面前。問題最好出自「切換觀點」，想像對方眼中的世界。同理心帶來感同身受的有效提問，得到更發自肺腑的深切答案。

開頭 怎麼了？你有什麼感覺？這些開放式的大問題出奇簡單，但只要問得好，用心傾聽，就能打開別人的心，之後再憑其他提問妥善引導，對話可以非常真情流露，大為有益。

一步一步來 別想一問就正中紅心，希冀對方給出心底的答案。反之，你別操之過急，而是一步一步來，慢慢發掘與探索。問題背後該有特定目的，拆解議題，朝終點循序漸進，所提問題愈來愈細。你家裡怎麼樣？家人會一起用晚餐嗎？你們會聊什麼？你們會吵什麼？你們什麼時候會哈哈大笑？

認同式提問 你做過最了不起的事情是什麼？你工作最棒的地方是什麼？這類提問把對話導引到正面的方向，如同一個有建設性的框架，「認同」對方在預料之中的回答，但激發其他正面的想法與念頭。你可以照這話題繼續走，或者可以改聊其他正面話題，把對話帶到大不相同的方向。

同理型傾聽著重語調、**節奏**、**停頓與措詞**，還涉及臉部表情等。你的所聞所見有助解讀這段對話，帶出下一個提問。

親密的疏離 這讓你有什麼感覺？你不是在評斷，只是在傾聽。既要親密到能問進心中，也要疏離到能保持超然。如果你想放點情緒，通常最好是擁抱情緒，但別陷入其中。

傾聽 怎樣判斷對方正打開內心，分享私密心事？你傾聽時要留意字句是否反應壓力、恐懼、不安、強烈情緒、深藏的過往、正面的看待、深切的感謝、快樂或平靜，留意情緒的根源，尤其注意對方是樂於傾吐或遲疑不安，從而決定要繼續深入或換個話題。此外，也要特別注意是否需要用上更高的談話技巧。

練習 進行一次三十分鐘的「訪談」，你唯一做的就是向對方提問。問題要簡短扼要，大多只要一句話即可。先從某個話題開頭，比如對方的從軍、大學或在小鎮成長的時光，傾聽對方怎麼說，然後再問下一個問題，別評斷或議論，而且別用「我」這一個字，主角完全只有對方而已，努力遵守這個原則。

提問指南

搭橋型提問

搭橋型問題是要接近警戒、排拒、冷漠、敵意，甚至危險的人，首先要設法讓對方肯開口，希望能建立關係以致互信。這類問題的效用可能很細微，得花時間，用來鼓勵對方多談，背後帶有目的，甚至帶有操作，可以是沒有問號的問句。

鼓勵 我喜歡你的鞋子，你是在哪裡買的？你是巨人隊的球迷啊，那你覺得目前這一季打得怎麼樣？以上的問題都是先從建立關係著手。打中對方腦裡的快樂中樞，方法可以是提及你們雙方的共同興趣，也可以是稱讚對方的某項本事。適時展現崇拜與贊同。先從跟主題無關的話題著手，然後再一步步提出難答的問題。

回饋正面 真有意思啊，我先前從沒想過。你要肯定對方的說法，鼓勵他繼續講下去。不妨使用簡短的句子，表面肯定，但並沒有真正支持對方的想法或作為，比如：很多人都同意你這看法。當你給別人一樣東西，別人通常也會回給你一樣東西。此外，贊同對方剛說的話，也許能鼓勵對方提供更多資訊。

沒有問號的問句 多跟我說一點。跟我解釋一下。這種沒有問號的問句把問題變成要求。跟對方說「多跟我說一點」是送出認同的信號，代表你本質上是接受對方剛才所說的話，並想知道更多。警戒的人也許覺得遭到孤立或不受欣賞，你可以表達出興趣，請對方多解釋，顯得是認可對方的看法，而不是在質疑或指控。

回聲問題 真令人「震驚」？你提供食物給「兩百」個人？你說他「羞辱」了你？這些問題結合驚嘆號和問號，來自專注傾聽，把剛聽到的那句重要觀察或經驗裡的某個字詞重提一遍。這招幾乎總能讓對方暫停片刻，然後深入說明解釋。如果你聽到什麼驚人、重要或新鮮的事情，如果你聽到某個意外或激動的用詞，你就重複一遍，但不評論或修飾。

強化 我們在講的是這樣子嗎？你是這意思嗎？這種提問是想同意對方，讓對方多說點，接受對方的言下之意與言外之意。假設你的孩子說：「為什麼哥哥的零用錢比較多，這樣不公平啦。」這時你不該問：「這就是你偷錢的理由？」反之，你該問的是：「你認為我們偏袒哥哥喔，你是這意思嗎？」專家指出這個技巧更可能讓你得到貼近事實的回答，甚至是得到對方的坦承。

傾聽 搭橋型問題是跨過懷疑的深谷，你要聽到對方為何生氣、封閉或怨恨的蛛絲馬跡，聽到描述、心情與細節，聽到警戒、指責、歸咎、激動或敵意，聽到對方是否提及他人，聽到你可以切入的點，一點一點往前進。這樣才能搭起橋梁。

練習 列出十個問題，用來問某個冷漠或警戒的人。問題的宗旨是讓對方多說話。你可以問天氣、剛觀察到的事物、遠處的音樂或其他無傷大雅的問題。先從開放式問題開始。你覺得怎樣？你怎麼了？好好傾聽，記得目光接觸。你的提問練習對象可以是你叛逆的十幾歲女兒、忿忿不平的表哥或每天在路上經過的無家可歸老婦。切記，你的目標是開啟對話，不是迎接奇蹟，橋梁得靠一個一個問題慢慢搭蓋起來。

提問指南

衝突型提問

衝突型問題是面對面的指控，向對方究責，針對有人做錯的狀況，也許不見得能得到欣然的回應，至少能留下紀錄，呈現出問題所在。這類提問傳達出訊息，通常是公開進行。

善用事實 事情出錯時你在場嗎？當時你有提出嗎？有時你是單刀直入的提問，有時是兜個圈子再提問。總之，這種提問意在把所質疑的對象與所發生的事情連結起來。問題形式也許是簡單的是非題。你針對某個事件、行為、說詞或事實質問對方，要求對方說明自己與那件事的關係，而這關係通常人盡皆知，你對答案早已心知肚明。

逼問指控 是你做的嗎？你是這個意思嗎？為什麼你不制止？你要說出斷言，加上問號，丟給對方。對方必須回答，也許是否認、承認或明顯的閃躲。你明確提出錯誤之處，意在建構這場衝突，讓對方採取防備。

面對否認 你擁有一輛紅色敞篷車嗎？你在事發那天有開那輛車嗎？你有停車加油嗎？否認或裝蒜是常見的第一反應，你一定要預期會得不到答案，準備好持續緊咬不放。你要把事情一塊塊拆開，詢問事證、時間點、目擊報告、對方自己的話或過往紀錄，藉此指出謊言、劣跡、偽善或前後不一。這些提問能逼出回應，提出主張，至少大聲說出了對方的名字。

留下紀錄 你什麼時候要把裁員的事情告訴員工？你願意公開作證嗎？為什麼你要說謊？有時最好的衝突型提問比較不是意在得到答案，而是留下紀錄，供人參照，像是至少有人問出了問題。總統知道什麼，又是什麼時候知道的？參議員霍華・貝克（Howard Baker）在水門案公聽會上說出這句知名的話，而尼克森總統的回答很糟，結果登上報紙頭版。這類提問所留下的紀錄可供反覆播放與回顧，如同時間的快照，一個叫人負起責任的時刻。

也向觀眾提問 衝突型問題針對的時常不只是對方，也包括觀眾，諸如陪審團、審查委員會或普羅大眾。你要憑提問呈現可接受與不可接受的行為，畫出一條界線。即使沒提出多少新事證仍能得到關注。

計算風險 衝突型問題可能很危險。不是搭橋，而是毀橋。你提問時要謹慎小心，經過計算，確定你是對的。錯誤的指控會毀掉你的信譽，顯得愚蠢，對方則逆勢上揚，無論是血腥獨裁者或叛逆青少年都能神氣活現的從指控中脫身。

傾聽 你提出指控之後，要留意對方是否東躲西閃、閃爍其詞、推卸責任或岔開話題。對方也許會不自在地陷入沉默，思索正確的答法，這時你要趁勝追擊。如果對方認罪、懊悔或漏出口風，要趁機繼續追問。

練習 想像衝突型提問的狀況，比如一位大學生被指控抄襲。她交出一份報告，雖然她先前紀錄良好，從未陷入爭端，但辨識抄襲的應用程式指出有一整段抄自維基百科，一字不漏。抄襲委員會即將召開，你是告發她的教授，現在請寫下十個問題，務求簡潔精準，分別代表本案的一個要點。別直接問她是否承認這項指控，而是一步一步建立這個案子。

提問指南　創意型提問

創意型問題鼓勵人去想不凡的事物，鼓勵創意與冒險，激起對新點子的思考，激起對新方案的想像，由未來式時態表述，把邊界往外推進，帶來天馬行空的獨特創見。

作夢 你想改變什麼？如果沒有局限會是怎麼樣呢？你有什麼夢想？這些是替想像力鬆綁的開放式問題，叫人把傳統俗見放在一邊，把眼界拉高，超越地平線，投入新嘗試或新實驗，提出新做法或新定義。這些問題設定一個挑戰，設下要求，替規則鬆綁。

設定 下一個大事業是什麼？我們要如何消除貧窮？對抗癌症要付出

什麼？這故事出乎意料的轉折是什麼？你要設定你的問題，激發新的未來。叫大家想像一個不同的世界，一個更好的世界。問題要設定得激勵人心，讓我們的目光從樹林投向蒼穹。

換位思考 如果你是執行長呢？你會怎麼做？如果你是這電影的導演呢？亞馬遜創辦人傑夫·貝佐斯（Jeff Bezos）碰到這狀況會怎樣思考？叫你的夥伴進行角色扮演，扮演決策制定者。叫他們假想身攬大任，置身不同脈絡，處在不同位置，進行更高一層的想像。

參與性 你何時該脫掉太陽眼鏡？你可以明確告訴演員何時脫掉太陽眼鏡，或者也可以叫他們思考這個情境，思考脫眼鏡的原因，思考脫眼鏡的效果是什麼？你讓他們參與發揮創意的過程，而不是把劇本直接塞給他們，要求照本宣科。這些提問讓他們主掌劇情，參與想像。

想像未來 你成功了，現在你置身未來，你會做什麼？這是什麼感覺？

你看到了什麼？你要請別人拋開微末細枝與分心事物，忘掉恐懼與束縛，假裝金錢不存在，大膽前往一個沒人去過的地方：未來。叫他們環顧四周，加以感受，然後看照後鏡，看見來到這裡的方法與代價。

超級英雄 如果絕不會輸，你會怎麼做？這是蓋文・紐森的提問。拿這個問題問別人，讓他們擁抱風險，讓他們明白恐懼不該阻礙腦力激盪、遠大點子與非凡目標。

傾聽 留意大膽與非凡的想法，留意激發創意與熱忱的點子。如果你聽到尚未想好的迷人點子，就靠一系列提問讓對方把想法往下深入發展。

練習 跟多位同事、朋友或家人一起進行「未來測驗」。時間是五年後，我們達成了目標，結果看起來怎麼樣？我們正在做什麼？我們以什麼為傲？問題是關於未來，但要用現在式時態來問。未來就是現在。你的時光機器很管用。

提問指南

任務型提問

任務型問題要我們找出共同的使命，把難題變成一致的目標。這些問題叫我們思考自己能做出何種貢獻，設法完成值得的任務，把任務擔在肩上，慷慨奉獻，群策群力，奉獻自己，成就非凡事業。

對自己提問 你在乎什麼？你支持什麼？你對人生有何種熱忱？首先問重要的事情是什麼，原因又是什麼。如果有個朋友對兒童肥胖問題感興趣，你要找出原因。如果幾個朋友很關注全球的糧食問題，原因是他們參與過和平工作團隊，運送食物給整個村莊？還是因為他們去過新德里，親眼目睹當地的慘況？你要發現任務，明白背後原由。

熱忱與任務 一旦你了解動機與目標，就能問朋友想推動或改變什麼？她先前曾有什麼行動，得到什麼成果？她是否知道你在做什麼，是否知道你們關注的議題能有何種交集？這些問題讓你們找出相契和互補的部分。

齊心協力 你們能如何攜手追尋目標？你們的合作能對共同目標帶來什麼助益？你們要往前看，問你們能攜手達成什麼。你們要扮演什麼角色？最亟需的是什麼？你們得做何種付出？這能帶來何種改變？無論是在慈善事業或一般職場，這些問題都有助找出共同的目的，帶來熱忱與目標。

傾聽 仔細聽對方是否表達出對特定理想、議題或工作的興趣，尤其留意相關的人生經歷或故事，留意過往的行動是否指出有望合作的領域，留意對方是否提到雙方所關切方面的交集，是否提到彼此目標的相近。

練習 鍛鍊一下腦力吧。跟朋友坐著聊半小時，問對方是否當過志工或捐過錢。別寫筆記，但要找出五個你們共同的信念或關注，分別詳細詢問。這活動能強迫你準確提問，認真聆聽，還訓練到記性。你要對對方所說的真心感興趣，且如同先前所述，盡量別用「我」這個字。

提問指南

科學型提問

從科學角度著眼，把問題化為可供檢驗的假設。這包括觀察、實驗與測量，並試著證明你的假設錯了。這問題的答案如同建房的磚塊，一路上也許衍生其他問題，讓你探索未知，替你的觀察找出數據與理論。

多方觀察 你看到什麼？你知道什麼？你想解釋什麼現象？你要觀察你想解開的現象，設法加以定義。環顧四周，反覆思索，然後提出問題。

做出假設 你知道小工具在下午賣得較好，但這是為什麼？你的假設是原因在於人們上午領到薪水。你的假設得明確與合理，然後寫下來，之後能回頭看，這是你想證明或反證的基礎。

蒐集數據 多少、多快、多大、多遠？你得知道需要測量什麼，又該如何測量。試試看，實驗看看，把數據蒐集起來，問你能否重現相同的數據，然後重做一遍，看你的發現是否一致，實驗結果是支持或違反你的假設。

提出質疑 哪個數據違反你的假設？哪個結果推翻你的假設？為什麼？你知道只有一個方法能證明你的假設，那就是再怎樣也無法證明你的假設不對，所以你要強烈質疑，檢驗數據。數據是從哪裡來的？哪裡薄弱，哪裡不一致，哪裡有漏洞？如果你無法推翻假設，則假設或許確實正確。

結論 數據證明了什麼？數據怎麼回答你一開始的問題？再來呢？重新檢視你的問題、假設、證據與疑義之處，然後提出結論。有了結論之後，向別人提出，問他們的想法。他們是否看到問題？是否看到漏洞？你的結論可靠嗎？

下一步 現在呢？接下來我想弄懂什麼東西？科學就是這樣，一個知識帶來另一個知識，再下一個知識。回答完你最初的第一個問題之後，下一個要問的問題是什麼？

傾聽 留意數據，留意可以衡量、看見、聽見或感受的真實部分。留意你的假設是否偏頗、誤導，甚至根本錯誤。若是如此，從頭來過。

練習 對某個現象提出問題，想出假設來解釋原因，然後思考如何在一段時間內驗證這個假設，想出三個或許能推翻假設的方法，寫下來並放在某個天天看得到的地方。

提問指南

面試型提問

面試型問題著眼未來，想預測面試者的個性與技能是否合適，憑檢驗過往表現以預測未來成績。面試型問題是適合度問題。擅長問這類問題的好手既是出色的面試官，也是出色的面試者。

了解 你喜歡這份工作的什麼？這個開放式問題像是純屬閒聊，卻相當能問出對方的興趣與個性。「跟我講講你自己！」則有助了解對方是怎麼看待自己，怎麼描述自己。

成就 你最自豪的事情是什麼？你所實現過最瘋狂的點子是什麼？這種針對成就的問題該問出例子、細節、喜好與能力，而且不歡迎吹噓，是提供一個細談過去成就的機會。

難題 你遇到最大的挫折是什麼，又是如何處理？你要問挫折、失敗、缺點與啟示。這類問題真確的檢視性格，問出對方承受風險的意願，從實際例子了解對方面對逆境的韌性。

目標 驅動你的是什麼？你想成就什麼？如果你能解決世上的一個問題，那會是什麼？你要從大處了解對方。他是尋求安穩或冒險？他心懷何種任務？他有多看重哪些價值觀，又是否跟你的目標一致？

曲球 你想把哪個美國城市送給紐西蘭，原因是什麼？曲球問題時常天外飛來，也許有點趣味，也許有點奇怪，目標是了解對方的創意、幽默感、自然反應，以及臨機應變能力。

抉擇 如果你必須砍掉十五%的預算，你會怎麼做？從哪裡開始？這種假設情境的問題讓你知道對方會如何面對艱難抉擇並設法解決問題，答案也許讓你點頭贊同，也許讓你突然侷促不安。

兩難 另一種問題是：截止時間要到了，但你也許來不及妥善完成專案，這時你會怎麼做？這種問題檢視艱難抉擇背後的思路。

反問 你們怎麼看待最大的難題與機會？你們想達成什麼目標？我能發揮多大創意？求職者該做功課，帶著好問題去面試，而且問題要具體：問公司的優點、難題、文化、數據與動力；問公司看重什麼，需要什麼。這類問題傳達求職者的熱忱、知識與好奇。

傾聽 聽聽看對方的回答是直截了當或沒頭沒尾，是遲疑猶豫或信心滿滿。當你問起共同的目標與價值觀，對方的答案是否自在有力？你要聽對方的故事、例子、思考與啟示。聽聽看對方的答案是否符合預期，如果不符就麻煩了。

練習 寫下三個過去成功的例子，還有未來想做的目標。現在分別寫下兩個問題，然後大聲回答，給自己聽一聽。你的回答誠懇、有料與有趣嗎？你會錄取你自己嗎？

提問指南

有趣型提問

三道式的有趣型問題使對話有滋而有味，有料而有趣。這類問題可以好玩，可以深入，可以天外飛來，既能是健康料理，也能隨咖啡上桌，有助大家投入話題、熱絡交流並認識彼此。只要問得好，你就是主持大師！

世上哪一個事物讓你驚奇？

你藉此設定主題，引導討論。先從大家會有興趣參與的話題開始。別問得咄咄逼人，而是輕輕鬆鬆，問題要設計為人人能講得上話，例如：分享經驗、意見、觀察或小故事。這個主題提問可以嚴肅或好玩，可大也可小。

趣味問題 如果我們上了火星，什麼會改變？如果你能許三個願望，第二個願望會是什麼？接下來這二十年會有什麼重大突破？這些趣味問題能活絡氣氛，激發想像。答案雖然沒有對錯，卻能反應想法與個性。腦力激盪一下，彼此驚奇一下。

趨勢問題 如果兩歲小寶寶就有智慧型手機會怎麼樣？你怎樣會想買自動駕駛汽車？為什麼我們還要教拿筆寫字？趨勢問題能激發對我們這時代與社會的想法與見解，捕捉時代精神與社會脈動，帶來樂趣、驚奇、好奇與入迷。問一問現在與未來的議題吧，邀來賓閉上雙眼馳騁想像。

時事問題 美國仍能做偉大壯舉嗎？中國會怎麼改變世界？我們這城市的球隊要怎樣才能贏得世界大賽？三道式問題會讓人無比食指大動。你的問題可以有關整個世界。看一看是否哪位來賓有獨特的經歷或技能。這些問題能是頭版標題，激發大家討論、思考、學習、辯論與反駁。

跟蘇格拉底用餐　何謂成功？你需要成功，才算成功嗎？成功絕對是好的嗎？成功是美德嗎？挑選一個議題，問得切中要害，將之拆解開來，加以定義，加以爭論，質疑傳統定見與既有看法，質疑大家視為理所當然的觀念。問一問什麼才是真的，我們如何知道又為何在乎。不要繞著個人經歷打轉，而是討論事實與邏輯。這可以很深入，或純粹激烈交鋒。讓討論聚焦，不要離題。這是你所能端出最激盪想法的一道菜。

帶來歡笑　你最糗的一件事是什麼？如果你可以消除今生的某一天，你會選哪一天……原因是什麼？如果你做了一支廣告，會是在賣什麼？當問題指向自己，代表我們沒把自己看得太重。問最好笑、最古怪或最離奇的經歷，可以換得哄堂大笑，讓大家開開心心。

傾聽　這些問題可以讓大家開心，也可能讓大家敗興。你要專心傾聽，讓談話持續精采展開，但也要留意是否有怒氣或不耐。有些話題或談法會出問題，例如：宗教、政治或金錢等，這時主持人與大家不得出錯，方能安全降落。你要專心留意，決定何時該動用主持人的權力換個話題。

練習 挑選問題如同挑選餐點：前菜、主菜與甜點。記下來賓的興趣與經歷，選擇相應的聊法，先從輕鬆話題開始，再轉到你能充分發揮的主題，最後以愉快話題作結。別塞得太多，喘口氣，留點空間給咖啡。

提問指南

遺產型提問

遺產型問題在問我們此生成就了什麼，改變了什麼，追尋了什麼。每天都能問，每個人生階段都能問。這些問題讓我們知道自己的成就，表達感謝之情，設定輕重緩急，寫下人生的待做清單，明白什麼才是真正重要的事。

成就 你所做過最重要的事情是什麼？你以什麼為傲？問你成就過什麼事情，創造出什麼，幫助過誰。這是一個檢視過往足跡的有力方式，讓你明白自己的成就與貢獻。

評價 你希望曾孫知道你的什麼事？問你這個問題：如果某個陌生人讀你的自傳，他會說你做過什麼大事？以嶄新眼光來看，比較容易看出你一路走來有過什麼貢獻。

逆境 你從過往錯誤中學到什麼教訓？問你經歷過什麼逆境、錯誤或懊悔。幾乎人人都有懊悔，但錯誤可以得到救贖。這些問題問我們從錯誤中學到什麼，又是怎麼把這啟示教給別人，從而找出錯誤中的意義。這樣問使黑暗中有光明。

人生清單 你想進行什麼冒險？你最想做什麼事？你的未竟之志是什麼？這些問題讓你做起白日夢。你大概不會統統完成，但待做清單可以如同地圖，一個未來的方向，有助專注於重要事物，寫好人生故事。

臨終問題 你希望別人怎麼記得你？談到故事，你想當怎樣的角色？這些問題比其他都重要。時間到了。故事完了。你希望書名是什麼？你希望折頁寫些什麼？你希望書評寫些什麼？你希望書中故事怎麼展開？

傾聽　聽一聽你的成就、驕傲、感謝與滿足。聽到一些名字，分別多問一些。聽見輝煌的高峰，好好追尋。聽見懊悔，問當中有何啟示。

練習　空出時間和一位家人交談，清楚表明你要問重要的時刻、經驗與人。你準備的問題要「分組」，第一個問題能接著好幾個問題。比方說，你的哪一段感情最刻骨銘心？根據所聽到的答案，從那一組裡找後續的問題。多跟我說一點，你們是在哪裡遇見彼此？對方是怎樣的人？為什麼這一段那麼重要？你們有什麼共同點？你們有什麼差異？這段感情最美好的是哪一天？最艱難的一天呢？這裡的重點是要問一連串問題，大概六個以上，深入追問，仔細傾聽當中的回憶、意義與重大故事。

國家圖書館出版品預行編目資料

精準提問的力量（經典暢銷版）：成功的人，用「提問」解決問題！/ 法蘭克．賽斯諾 (Frank Sesno) 著；林力敏譯 .-- 臺北市：三采文化股份有限公司，2022.01　面；
公分 . --（Trend；70）
譯自：Ask more : the power of questions to open doors, uncover solutions, and spark change.
ISBN 978-957-658-715-3(平裝)

1. 決策管理 2. 人際傳播
494 .1　　110019760

suncolor 三采文化集團

Trend 70

精準提問的力量（經典暢銷版）

作者｜法蘭克．賽斯諾（Frank Sesno）　譯者｜林力敏
主編｜喬郁珊　協力編輯｜朱紫綾　美術主編｜藍秀婷　封面設計｜李蕙雲
校對｜張秀雲　版權負責｜杜曉涵　內頁排版｜黃雅芬

發行人｜張輝明　總編輯｜曾雅青　發行所｜三采文化股份有限公司
地址｜台北市內湖區瑞光路 513 巷 33 號 8 樓
傳訊｜TEL:8797-1234　FAX:8797-1688　網址｜www.suncolor.com.tw
郵政劃撥｜帳號：14319060　戶名：三采文化股份有限公司
本版發行｜2022 年 1 月 14 日　定價｜NT$360